机械类技工学校教改教材

电 工 常 识

第 2 版

原机械工业部　统编

机 械 工 业 出 版 社

本书讲述了机械类技工学校学生所需掌握的有关电工常识，其目的是使学生学会保护自己、保护设备和节约能源。

具体内容包括：电路的基本概念、电路的基本规律、实用电路、电子技术和安全用电。

本书配有同步习题册，便于学生对所学知识进行巩固和提高。

本书可作为机械类技工学校教材，也可供工厂考工选题和青年工人自学之用。

图书在版编目（CIP）数据

电工常识/原机械工业部　统编．—2版．—北京：机械工业出版社，2013.6（2023.8重印）

机械类技工学校教改教材

ISBN 978-7-111-41875-7

Ⅰ．①电…　Ⅱ．①原…　Ⅲ．①电工-技工学校-教材　Ⅳ．①TM

中国版本图书馆 CIP 数据核字（2013）第 053727 号

机械工业出版社（北京市百万庄大街22号　邮政编码100037）
策划编辑：王振国　责任编辑：王振国
版式设计：霍永明　责任校对：申春香
封面设计：姚　毅　责任印制：李　昂
北京中科印刷有限公司印刷
2023 年 8 月第 2 版第 7 次印刷
130mm×184mm · 4.125 印张 · 91 千字
标准书号：ISBN 978-7-111-41875-7
定价：15.00 元

前　　言

原机械工业部统编"机械类技工学校教改教材"自出版发行以来，有力地推动了机械工业技工学校教学的改革和发展，大大提高了学生的实践能力和职业素质，较好地适应了社会主义市场经济条件下人才市场对毕业生的需求。

随着时间的不断推移，科学技术的不断发展，技工学校对学生职业技能培养的要求也在不断提高；人力资源和社会保障部在对国家职业技能标准不断完善的同时对原有标准进行了修订，因此，技工学校相关教材中有关职业技能培训的内容也要做出必要的调整，以适应新标准对学生提出的新要求与新目标。

为适应这种新变化并满足技工学校教学改革的需要，我们在认真、全面总结现有教材使用情况并广泛吸收一线教学人员意见和建议的基础上，对"机械类技工学校教改教材"中具有鲜明教学特点、反响强烈的几门课程进行了修订。

在相关教材修订的过程中，我们力求保持教材原有的结构体系；坚持技工学校教学改革的总体方向，在理论联系实际、内容少而精、注重能力培养和着眼素质教育等方向均有所加强；在内容的安排上，注意吸收一线教学人员的意见和建议，注意跟踪机械科技的新发展、新动向，删减了陈旧、过时的内容，增补了有关新技术、新工艺方面的知识，进一步突出了行业针对性和实用性；贯彻了国家、行业最新标准，采用了法定计量单位和规范的名词术语、图形符号。

　　为了更好地满足教学需要，我们对部分课程在出版配套习题册的基础上，还给出了习题册的全部答案（包括解题过程）以及两套模拟试题，届时授课教师可联系出版社免费索取习题答案与模拟试题。

　　由于编者水平所限，修订后的教材中肯定还会存在不足和错误之处，恳请广大教师批评指正。

编　者

目　　录

绪　论

（一）电能的优越性

电能之所以获得广泛应用，是因为电能本身具有明显的优越性。这里有一幅简单的电力系统图，现结合此图说明电能的三个优势。

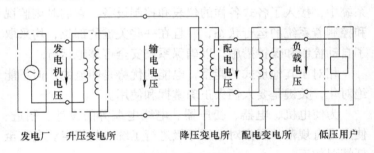

简单的电力系统图

（1）**易于转换**　电能是二次能源，可以很方便地由其他形式的能量转换而来，也可以很方便地转换成其他形式的能量。发电机是一种能量转换装置。火力发电可将煤或油燃烧的热能转换成电能；水力发电可将水的机械能转换成电能；用电部门的电动机也是一种能量转换装置，可将电能转换成机械能；电热器可将电能转换成热能；电光源可将电能转换成光能。

（2）**易于传输**　发电厂必须建设在燃料资源或水力资源丰富的地方，而用电单位是分散的，往往远离发电厂，这就出现一个电能传输的问题。为了提高传输功率，输电需要高电压；为了方便使用，用电需要低电压。变压器是一种电能传输装置，虽不以转换能量形式，但能改变电压大小。所以，在发电厂之后，首先必须经升压变电所升压，降压变电所降压，将电能送到用电单位所在地区，然后再经配电变电所进一步降压，将电能以低压形式合理地分配到各用电单位或负载。这种电能传输方式，可实现远距离输送，而且迅速、方便、经济、可靠。

（3）易于测量和控制　在由发电机到负载的整个电力系统中，接入了各式各样的仪表和控制设备，它们时刻监视和控制着系统的运行状态，并且在一些关键的部位，均采取了自动控制和保护措施，以确保系统安全可靠地运行。

相对于其他形式的能量，电能的优势是明显的，但不能绝对化，关键是要人们去正确掌握和使用。

为使电机、电器、变压器、电线电缆等的设计、制造、使用更有规范，国家对电压等级进行了统一的规定。自高至低情况如下：

远距离输电电压：采用750kV、500kV、330kV。

中距离输电电压：采用220kV、110kV、35kV。

配电电压：采用10kV、6kV、3kV。

低压用电电压：采用380V、220V。

安全电压：采用36V、24V、12V。

（二）本课程的性质和目的

本课程涉及的知识面较广，包括电路、电机、电器、传动系统、输配电系统、电子技术和安全用电等方面的常识。

通过本课程的教学，向学生介绍一些日常工作生活中常见、常用的电现象和用电要求，达到使学生能很好地保护自己、保护设备、节约能源并适当扩展知识的目的。

（三）学习本课程的方法和注意事项

学习本课程应着重于基本概念、电路的连接和安全用电措施，而不着重于计算。尤其对有关保护自己、保护设备、节约能源的概念和措施更要加深理解。

学习本课程应着重元器件的外部形状和外部特性以及图形符号和使用范围，而不着重于内部的物理过程，更不进行微观分析。

学习本课程必须理论联系实际，熟悉常见、常用的元器件和电路，要能够按图接线，加强动手能力的培养。

学习本课程，要做到纪律严明，有意识地培养良好的工作习惯，要十分注意人身和设备的安全。

第一章 电路的基本概念

第一节 电 路

一、电路的定义及作用

将各种元器件用导线连接起来构成电流通路的整体称为电路，其作用是传输和转换能量或信号。

图1-1a是手电筒电路，此电路可实现能量的传输和转换。首先将电池的化学能转换成电能传输出去，然后在小电珠上将电能转换成光能。

图1-1b是简单的晶体管扩音器电路，此电路可实现信号的传输和转换。首先通过传声器（话筒）将声音信号转换成电信号传输出去，然后通过扬声器将电信号转换成更大的声音信号。

二、电路的组成和状态

1. 电路的组成

一个完整的、处于正常工作状态下的实际电路，通常包含电源、负载和中间环节三部分。

（1）电源　它是供给电能的装置，可把其他形式的能量转换成电能。例如，电池把化学能转换成电能，发电机把机械能转换成电能。

（2）负载　它是应用电能的装置，可把电能转换成其他形式的能量。例如，小电珠把电能转换成光能，扬声器把电能转换成声能，电动机把电能转换成机械能，以及信号发

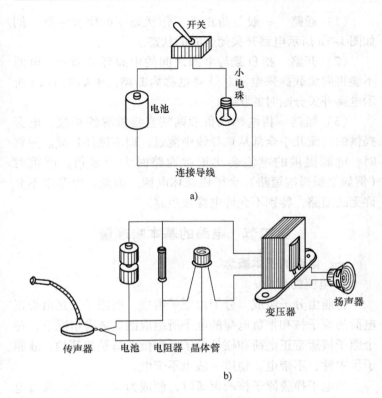

图1-1　电路

a) 手电筒电路　b) 扩音器电路

生器把电能转换成电信号等。

（3）中间环节　用导线把电源和负载连接起来，构成电流通路的部分称为中间环节。为使电路正常工作，中间环节通常还装有开关、熔断器等，对电路起控制和保护作用。

2. 电路的状态

电路通常有三种状态。

（1）通路　一般是指正常工作状态下的闭合电路。例如图 1-1a 所示电路开关闭合时的状态。

（2）开路　指负载与电源之间的中间环节断开，电源不能再向负载提供电能。开路也称为断路。例如图 1-1a 所示电路开关分断时的状态。

（3）短路　指电源或负载两端直接被导线相接，电源提供的电流几乎全部从该导线中流过，而不流经负载。短路时，电源提供的电流会比正常通路时大很多倍。严重时（例如电源两端短路）会很快烧坏电源。因此，电路中不允许无故短路，特别不允许电源被短路。

第二节　电路的基本物理量

一、电流的基本概念

1. 电流的形成

物质由分子组成，分子由原子组成，而原子又是由带正电荷的原子核和带负电荷的电子所组成的。通常情况下，每个原子核所带正电荷和核外电子所带负电荷是相等的，故原子呈中性，不带电，物质一般也不带电。

当电子挣脱原子核的束缚时，便成为自由电子。获得电子的原子或分子称为负离子，带负电荷；失去电子的原子或分子称为正离子，带正电荷。人们把电子及正、负离子统称为带电粒子。带电粒子所带的电荷量用字母 Q 表示，单位为库仑（C）。一个电子所带的负电荷量为 1.602×10^{-19} C，一个库仑的负电荷量，相当于 6.25×10^{18} 个电子所带的电荷量。

一般情况下，金属中的电子和电解液中正、负离子的运动没有一定的取向，不会形成电流。如果在其两端接上电源，它们便会在电场力的作用下，变无规则的运动为有规则的定向运动而形成电流，电流是电荷（实际上是带电粒子）定向流动的一种物理现象，如图1-2所示。

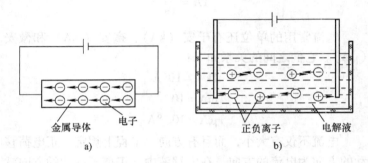

图1-2　电流的形成

a）金属导体，电子导电　b）电解液导体，离子导电

物质中可以自由移动的带电粒子越多，其导电性能越好，由此可将物质分为导体、绝缘体和半导体三类。所有的金属，含酸、碱、盐的电解液，大地、人体等均属于导体；所有的非金属、玻璃、云母、橡胶、塑料、陶瓷、纸等均属于绝缘体，它们几乎不存在可以自由移动的带电粒子；锗、硅、硒、氧化铜等均属于半导体，其导电性能介于导体与绝缘体之间。

2. 电流

电流是描述电荷定向流动强弱程度的物理量，用字母 I 表示，单位为安培，简称安（A）。

单位时间内通过导体横截面的电荷量称为电流，即

$$I = \frac{Q}{t} \tag{1-1}$$

若在 1 秒钟（1s）内通过导体横截面的电量是 1C，则导体中的电流为 1A，即

$$1A = \frac{1C}{1s}$$

电流常用的单位还有千安（kA）、毫安（mA）和微安（μA）。它们之间的关系如下：

$$1kA = 10^3 A$$

$$1mA = 10^{-3} A$$

$$1\mu A = 10^{-6} A$$

电流不仅有大小，而且有方向。工程上规定，正电荷移动的方向为电流的方向。在电解液中，正离子移动的方向就是电流方向；在金属导体中，电流的方向与电子移动的方向相反。

电流方向有两种表示方法：

（1）用字母 I 加下标表示　I_{ab} 表示电流从 a 流到 b。

（2）用字母 I 加图示箭头表示　箭头所示方向就是电流的方向，如图 1-3 所示。

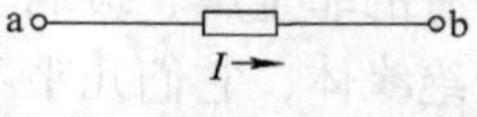

二、电压的基本概念

正电荷在一段电路上定向流动的过程中，如果遇到阻力，电场力便要做功，并在这段电路上把电能

图 1-3　电流方向的
箭头表示法

转换成其他形式的能量。电压就是描述这种功能大小的物理量，用字母 U 表示，单位为伏特，简称伏（V）。

如图 1-3 所示，从 a 到 b 的电压在数值上等于在电场中将单位正电荷从 a 移到 b 电场力所做的功，也等于将单位正电荷由 a 移到 b 所转换掉的电能，即

$$U_{ab} = \frac{W_{ab}}{Q} \qquad (1-2)$$

若将 1C 的电荷从 a 移到 b，电路所转换掉的电能为 1 焦耳（J），则从 a 到 b 的电压为 1V，即

$$1V = \frac{1J}{1C}$$

电压的常用单位还有千伏（kV）、毫伏（mV）和微伏（μV）。

若在电路中取一点 o 作为参考点，即零电位点，则由某点 a 到参考点 o 的电压 U_{ao} 称为 a 点的电位 V_a，单位仍为 V，即

$$V_a = U_{ao} = \frac{W_{ao}}{Q} \qquad (1-3)$$

电位参考点可以任意选取，一般常选择大地及设备外壳接地点作为参考点。不过，在一个联通的系统中，只能选择一个参考点。当参考点确定之后，电路中各点的电位也就随之确定了。

在图 1-4 所示电路中，o 点已接地，故选择 o 点作为参考点，根据电位的定义，a 点电位为

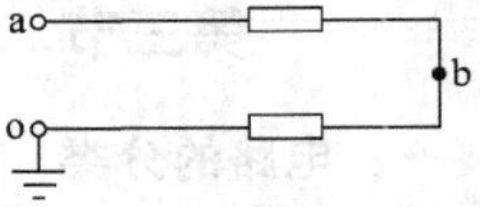

图 1-4 参考点的选择

$$V_a = U_{ao} = \frac{W_{ao}}{Q} = \frac{W_{ab} + W_{bo}}{Q} = \frac{W_{ab}}{Q} + \frac{W_{bo}}{Q} = U_{ab} + V_b$$

$$U_{ab} = V_a - V_b \qquad (1-4)$$

式（1-4）说明，从 a 到 b 的电压等于从 a 到 b 的电位降落（电位差）。值得注意的是，电位的数值与参考点的选择有关，而任何两点间的电压则与参考点的选择无关。

电压的方向规定为由高电位指向低电位，同样可采用下标和箭头表示。

三、电动势的基本概念

正电荷在电场力的作用下，一般总是沿外电路由高电位流向低电位。为了形成连续的电流，正电荷在电源内部必须不断地由低电位流到高电位，即由电源内部的负极流到正极，这就要求在电源内部有一个电源力作用在正电荷上，使之逆电场力运动，将其他形式的能转换为电能。电动势是描述这种转换能力的物理量，可用字母 E 表示，单位为 V。

电源的电动势在数值上等于将单位正电荷由负极移到正极克服电场力所做的功，也等于将单位正电荷由负极移到正极所增加的电位能，即

$$E = \frac{W}{Q} = V_{正极} - V_{负极} \tag{1-5}$$

不难理解，电动势的方向是由负极指向正极，电动势的量值指的是电位升高的数值。

第三节　直流电与正弦交流电

一、电路的分类

按电路中电流随时间的变化规律，可分为直流电和正弦交流电两大类。

当电路中电流的大小和方向都不随时间变化时，称为恒稳直流电，简称直流电，其波形如图 1-5a 所示。

当电路中电流的大小和方向都随时间按正弦规律变化时，称为正弦交流电流，简称正弦电流，也可简称交流电。正弦电流的瞬时值用小写字母 i 表示，其波形如图 1-5b 所示。

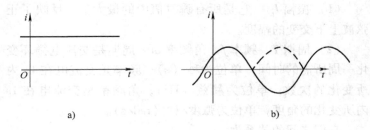

图 1-5　交直流电波形示意图

a）直流电　b）正弦交流电

值得注意的是，要想得到一个完整的正弦电流波形，必须首先规定出电流的正方向（图示箭头方向的电流为正值，与之相反方向的电流为负值），否则不能随时间按正弦规律表示出电流的波形。

二、正弦交流电的三要素

正弦电流的一般数学表达式为

$$i = I_m \sin(\omega t + \varphi_i) = I_m \sin(2\pi f t + \varphi_i) = I_m \sin\left(2\pi \frac{1}{T} t + \varphi_i\right)$$

要唯一地确定一个正弦电流，必须明确地给出振幅 I_m、周期 T（或频率 f，或角频率 ω）、初相位 φ_i 三个要素，如图 1-6 所示。

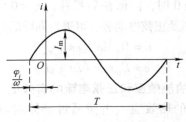

图 1-6　正弦电流的三要素

（1）振幅 I_m　它是所有瞬时值中的最大值，反映了正弦波上下交变的幅度。

（2）周期 T、频率 f、角频率 ω　周期是交流电循环变化一周所需的时间，单位为秒（s）；频率是交流电在 1s 内所变化的次数，单位为赫兹（Hz）；角频率是交流电在 1s 内所变化的角度，单位为弧度/秒（rad/s）。

它们之间的关系为

$$f = \frac{1}{T}, \ \omega = 2\pi f$$

周期、频率和角频率反映了正弦波变化的快慢，也反映了正弦波的疏密程度。若 T 越小、f 越大，则变化越快，波形越密。

例 1-1　我国工业生产和生活用电的交流电频率为 50Hz，称为工频。求其周期和角频率各为多少？

解　$T = \frac{1}{f} = \frac{1}{50}s = 0.02s$

$\omega = 2\pi f = 2 \times 3.14 \times 50 rad/s = 314 rad/s$

答　我国工频交流电的周期为 0.02s，角频率为 314rad/s。

（3）初相位 φ_i　初相位 φ_i 的大小与时间起点的选择有关，它反映了正弦波前后平移的程度。当初相位 φ_i 为零时，称为参考正弦量；$\varphi_i > 0$ 时，波形往后平移；$\varphi_i < 0$ 时，波形往前平移。对正弦电压及正弦电动势，可进行同样的分析，即

$$u = U_m \sin (\omega t + \varphi_u)$$

$$e = E_m \sin (\omega t + \varphi_e)$$

三、电流的热效应和正弦电流的有效值

（1）电流的热效应　电流通过导体时电能转换成热能使导体发热、温度升高的现象，称为电流的热效应。

电流的热效应有可利用的一面，据此可制造出电阻炉、电烙铁、电热器等电气设备，但也存在着危害性，严重时可使导线及电机、电器的绝缘迅速老化甚至烧坏。

（2）正弦电流的有效值　直流电流通过导体有热效应，正弦交流电流通过导体也会有热效应。但由于各个瞬间的电流是不同的，故由电能转换成热能的数值也不同。为此，我们要另外规定一个衡量正弦电流效果的量，即电流的有效值。

设有一段导体，如图 1-7 所示，分别对其通以正弦交流电流 i 和直流电流 I。如果在较长的同一时间内，通过调整直流电流 I 的大小，使两者的能量损失、发热情况、温度的升高等热效应相当，我们就把这个直流电流 I 的数值作为正弦电流 i 的有效值。

图 1-7　正弦电流的有效值

对正弦电压、正弦电动势，可进行同样的分析。正弦电流、电压、电动势的有效值和最大值之间有确定的关系，即

$$I = \frac{I_{\mathrm{m}}}{\sqrt{2}}$$

$$U = \frac{U_{\mathrm{m}}}{\sqrt{2}}$$

$$E = \frac{E_{\mathrm{m}}}{\sqrt{2}}$$

有效值是衡量正弦量效果的量，应用广泛，且十分重要。在工程上，凡是涉及正弦电流、电压、电动势的数值时，若无特别说明，总是指有效值。例如，交流电流表上标

注的 5A、10A，灯泡上所标明的 220V，交流电源供电电压 380V/220V 等，都指的是电流或电压的有效值。

第四节　电路的基本元件

一、电压源

实际电路中的电源包括干电池、蓄电池、直流发电机、交流发电机等。不论它们的内部结构和外部形状如何，都有一个共同的特点，即都能将其他形式的能量转换成电能，对外发出一定的电动势，也都可用一个电压源来近似地表示它们的对外特性。

直流电压源和交流电压源的图形符号如图 1-8 所示。

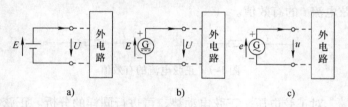

图 1-8　电压源的图形符号

a）干电池、蓄电池　b）直流发电机　c）交流发电机

直流电压源具有如下两个特点：输出电压是一个常数，不论外电路如何变化，恒有 $U = E$；只有输出电流 I 受外电路影响，随外电路变化而变化。我们把输出电流与输出电压之间的关系曲线称为电源的外特性。直流电压源的外特性如图 1-9 所示。

二、电阻

实际电路中的多数负载，如电阻器、电热器、电光源、电声器等，它们都可把电能转换成其他形式的能，如热能、

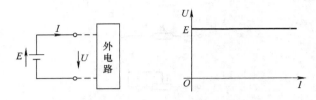

图1-9　直流电压源的外特性

光能、声能等，并且不能逆转过来，从而真正消耗了电能。它们被称为耗能元件，耗能元件的用电效果可用一个电阻来近似表示。

物体对电流的阻碍作用叫做电阻。电阻的文字符号用 R 表示，其图形符号和常用电阻如图1-10所示，单位为欧姆，简称欧（Ω）。此外，常用的单位还有千欧（$k\Omega$）。

实践证明，金属导体的电阻与导体的长度成正比，与导体横截面积成反比，而且还与金属导体材料的性质有关。其计算公式为

$$R = \rho \frac{L}{S}$$

式中　R——导体的电阻（Ω）；

　　　L——导体的长度（m）；

　　　S——导体的横截面积（mm^2）；

　　　ρ——电阻率$\left(\dfrac{\Omega \cdot mm^2}{m}\right)$，电阻率与材料性质有关。

几种常见材料在20℃时的电阻率见表1-1。其中，电阻率小的材料可用来制成导线，电阻率大的材料可用来制成电阻器。

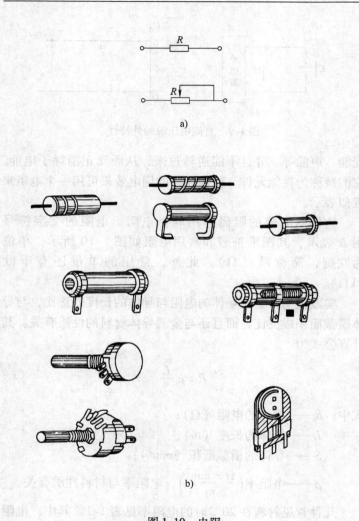

图 1-10　电阻
a) 图形符号　b) 常用电阻

表 1-1　几种常见材料 20℃时的电阻率

用　　途	材料名称	电阻率 $\rho/(\Omega \cdot mm^2 \cdot m^{-1})$
制作导线	银	0.0165
	铜	0.0175
	铝	0.0283
	低碳钢	0.13
制作电阻	锰铜	0.42
	康铜	0.44
	镍铬铁	1.0
	铝铬铁	1.2
	铂	0.106

三、电感

实际电路中的多数负载都含有绕组或线圈。设计和制造这些绕组、线圈的目的是为了建立磁场，储存磁场能量。如果可以忽略电阻，则它们本身不消耗能量。凡属于以建立磁场为主的负载，均可用一个电感来近似表示它们的效能。

电感实际上是一个线圈，当电流通过电感时，便建立了磁场。因此，通电的电感就具有了磁场的特性：比如出现磁极，磁极处可以吸铁等。电感的文字符号用 L 表示，图形符号和电感的磁场如图 1-11 所示，单位为亨利，简称亨（H）。此外，常用的单位还有毫亨（mH）和微亨（μH）。

实践证明，电感的大小与线圈的匝数、尺寸，以及线圈中有无铁心等因素有关。要获得大电感，只有增多线圈匝数，增加螺线管截面积和在线圈中设置封闭路线的铁心。

电感对电流的阻碍作用是不同的：它对直流电流不起阻碍作用，但却具有阻碍交流电流通过的能力。电感值越大，交变电流频率越高，这种阻碍的能力也就越强。

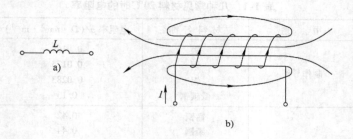

图 1-11　电感

a）图形符号　b）电感的磁场

四、电容

从两块互相绝缘的金属板上（称为极板）各引出一个电极，便构成了一个电容器。当在电容器两极施加电压时，便在极板之间建立了电场，并使一个极板获得了一定量的正电荷；另一个极板获得了等量的负电荷。像电容器这样可建立电场的元件被称为储能元件。

电容器的电容量简称电容，其文字符号用 C 表示，图形符号和常用电容如图 1-12 所示，单位为法拉（F），常用的单位还有微法（μF）。

实践证明，电容的大小与极板面积、极间距离、极间介质有关。要获得较大的电容，只有加大极板面积，减小极间距离和恰当地选用极间介质。

电容对电流的阻碍作用也是不同的：因为电容器两极板间是绝缘的，所以不能通过直流电流。但在交流电路中，由于电容器两端的电压不断地交变，当电压的绝对值不断增大时，电容器将电能以静电荷的形式储存在极板上（称为充电）；而当电压绝对值不断减小时，电容器又将储存的电能

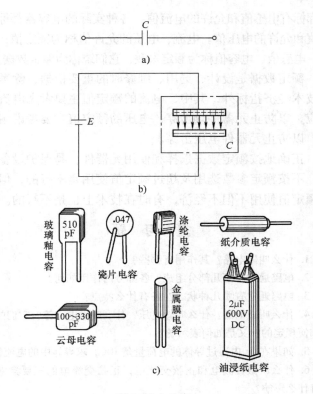

图 1-12　电容

a) 图形符号　b) 电容的电场　c) 常用电容

以流动电荷的形式还给电路的电源（称为放电）。这样，电容器虽然接在电路中，但并不妨碍交流电流在电路中的流动。所以，电容器有"隔直流通交流"的作用。

五、额定值的概念

各种实际电源在铭牌上都标有电流、电压的允许值；各种实际的电阻器都标有电阻值和允许的电流值；各种实际的电感器都标有电感值和允许的电流值；各种实际的电容器都标有电容值和允许的电压值。电流、电压的允许值称为额定值；电阻值、电感值、电容值称为额定参数，它们统称为额定数据。

额定数据是设计、选用、维修时的重要依据，除考虑多种技术经济指标外，其中，电流的额定值主要考虑电流的热效应，以防止元器件热击穿；电压的额定值主要考虑耐压要求，以防止元器件电压击穿。

正确地按额定数据选择和使用元器件，是保护设备的关键。不按额定参数选用及超过额定值使用是不行的，但是低于额定值使用不但不经济，有时在技术上也是不行的。

复 习 题

1. 什么叫做电路？其作用有哪些？

2. 电路通常由哪几部分组成？各部分的作用如何？

3. 电路通常有哪几种状态？各有什么特点？

4. 什么叫做电流？什么叫做电压？什么叫做电动势？它们的方向是如何规定的？又是如何表示的？

5. 如果在 5s 内通过导体的电荷量是 10C，求导体中的电流值。

6. 什么叫做直流电和正弦交流电，正弦交流电的三要素对波形各有什么影响？

7. 什么叫做电流的热效应？正弦量的有效值是如何确定的？

8. 电压源有什么特点？什么叫做电源的外特性？直流电压源的外特性如何？

9. 什么叫做耗能元件和储能元件？它们各有什么特点？电阻、电感、电容的数值与哪些因素有关？

10. 电感、电容对交直流电流的阻碍作用有何不同？

11. 为什么说额定数据是设计、选用、维护电气设备的重要依据？电阻、电感、电容的主要额定数据是哪些？

第二章　电路的基本定律

第一节　欧姆定律

一、电阻支路欧姆定律

图 2-1 所示为电阻支路，通过实验得知：当电阻中的电流 I 发生变化时，电阻两端的电压 U 也跟着变化；电阻两端的电压 U 与流过电阻的电流 I 成正比，并且同时产生，同时消失。电压、电流及电阻的关系为

$$U = RI \quad u = Ri \qquad (2\text{-}1)$$

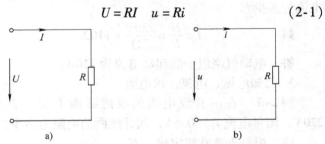

图 2-1　电阻支路

a) 直流电　b) 交流电

式（2-1）就是电阻支路欧姆定律。还可写成下面两种形式

$$I = \frac{U}{R} \quad i = \frac{u}{R}$$

$$R = \frac{U}{I} \quad R = \frac{u}{i}$$

熟悉电阻支路欧姆定律，可解决实际电路中的三种应用

问题。

1. 已知电流、电阻，求电压

例2-1　通过人体的安全电流应小于0.05A，人体电阻为800 ~ 1000Ω，求人体能承受的安全电压。

解　选择人体最小电阻为800Ω，根据电阻支路欧姆定律，则有

$$U = RI = 800Ω × 0.05A = 40V$$

答　人体能承受的安全电压在40V以下（工厂中的安全灯一般采用36V就是这一道理）。

2. 已知电压、电阻，求电流

例2-2　一台直流电动机，其绕组的电阻 R 为2Ω。若将它接在220V的直流电源上，问起动时通过电动机绕组的电流为多少？

解
$$I = \frac{U}{R} = \frac{220V}{2Ω} = 110A$$

答　电动机绕组中的起动电流为110A。

3. 已知电压、电流，求电阻

例2-3　在一直流电机的励磁线圈上加一直流电压220V，测得电流 I 为0.5A，问此线圈的电阻为多少？

解　根据支路欧姆定律，有

$$R = \frac{U}{I} = \frac{220V}{0.5A} = 440Ω$$

答　该线圈的电阻为440Ω。

必须指出，不论电阻接在何种具体电路之中，电阻两端电压和电阻电流都需受欧姆定律的约束，所以欧姆定律是元件性质的约束条件，而与连接方式无关。

二、全电路欧姆定律

当电阻和电压源相串联时，就构成了一个全电路。图2-2

所示为一个将蓄电池接在电流电源上进行充电的电路，U 是外施的充电电压，I 是蓄电池的充电电流，U_{ab} 是蓄电池内电阻 R 两端的电压，U_{bc} 是蓄电池的剩余电压，其数值正好等于蓄电池的剩余电动势。

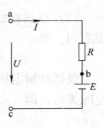

图2-2 全电路

这时，外施电压 U 等于蓄电池内阻上的电压与剩余电压之和，即

$$U = U_{ab} + U_{bc} = RI + E$$

其充电电流为

$$I = \frac{U - E}{R} \tag{2-2}$$

式（2-2）表明了全电路的电压、电流之间的关系，称为全电路欧姆定律。

第二节 电阻的串并联

一、电阻的串联

将若干个电阻首尾相连的连接方式称为电阻的串联，如图2-3a 所示。

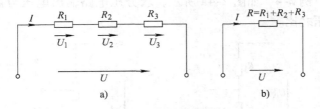

图2-3 电阻的串联

a）串联电路 b）等效电阻

电阻的串联电路有如下特点：

（1）电流相等 每个电阻上流过的是同一个电流。

（2）电压相加　串联电路的总电压等于每个电阻上电压之和，即

$$U = U_1 + U_2 + U_3 \qquad (2\text{-}3)$$

根据欧姆定律，每个电阻上的电压、电流都应有一个确定的关系，即

$$U_1 = R_1 I$$
$$U_2 = R_2 I$$
$$U_3 = R_3 I$$

由此可得到

$$\begin{aligned}
U &= U_1 + U_2 + U_3 \\
&= R_1 I + R_2 I + R_3 I \\
&= (R_1 + R_2 + R_3) I \\
&= RI
\end{aligned}$$

其中，$R = R_1 + R_2 + R_3$，是串联电路的总电阻，称为等效电阻。只要使等效电阻的数值等于各个电阻之和，就可用这个电阻去代替串联的三个电阻而不改变电路各处的电流、电压，如图 2-3b 所示。

例 2-4　如图 2-4a 所示，求分压电路输出电压与输入电压之比。

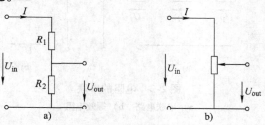

图 2-4　分压电路

a）定式分压　b）可调分压

解 当输出端未接负载时，R_1 和 R_2 是串联的，其等效电阻为

$$R = R_1 + R_2$$

根据欧姆定律，可得到

$$I = \frac{U_{in}}{R} = \frac{1}{R_1 + R_2}U_{in}$$

$$U_{out} = R_2 I = \frac{R_2}{R_1 + R_2}U_{in}$$

所以

$$\frac{U_{out}}{U_{in}} = \frac{R_2}{R_1 + R_2}$$

答 输出电压与输入电压之比为 $\frac{R_2}{R_1 + R_2}$，一般称为分压比。按此可联成各种用途的分压器或电位器，如图2-4b所示。

注意：电流表就是利用给检流计串联电阻扩大量程的原理制成的。

二、电阻的并联

将若干个电阻的一端连接在一起，而把另一端也连接在一起的连接方式，称为电阻的并联，如图 2-5a 所示。

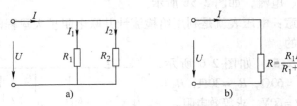

图 2-5 电阻的并联

a) 并联电路 b) 等效电阻

电阻的并联电路有如下特点：

（1）电压相等　各个电阻所承受的是同一个电压。

（2）电流相加　并联电路的总电流等于各个电阻电流之和，即

$$I = I_1 + I_2 \qquad\qquad (2\text{-}4)$$

根据欧姆定律有

$$I_1 = \frac{U}{R_1}$$

$$I_2 = \frac{U}{R_2}$$

由此可得

$$I = I_1 + I_2 = \frac{U}{R_1} + \frac{U}{R_2}$$

$$= \left(\frac{1}{R_1} + \frac{1}{R_2}\right)U$$

$$= \frac{R_2 + R_1}{R_1 R_2}U$$

所以

$$U = \frac{R_1 R_2}{R_1 + R_2}I = RI$$

其中，$R = R_1 R_2 / (R_1 + R_2)$，称为两个电阻并联的等效电阻。可用这个电阻去代替并联的两个电阻而不改变电路各处的电压、电流，如图 2-5b 所示。

注意：电压表就是利用给检流计并联电阻扩大量程的原理制成的。

例 2-5　如图 2-6 所示，已知 $R_1 = 60\Omega$，$R_2 = 30\Omega$，$R_3 = 20\Omega$，$U = 60V$，求等效电阻。

解

因为　$I_1 = \dfrac{U}{R_1} = \dfrac{60V}{60\Omega} = 1A$

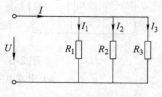

图 2-6　等效电阻的计算

$$I_2 = \frac{U}{R_2} = \frac{60\,\text{V}}{30\,\Omega} = 2\,\text{A}$$

$$I_3 = \frac{U}{R_3} = \frac{60\,\text{V}}{20\,\Omega} = 3\,\text{A}$$

$$I = I_1 + I_2 + I_3 = 1\,\text{A} + 2\,\text{A} + 3\,\text{A} = 6\,\text{A}$$

所以
$$R = \frac{U}{I} = \frac{60\,\text{V}}{6\,\text{A}} = 10\,\Omega$$

答　等效电阻为 $10\,\Omega$。

第三节　基尔霍夫定律

一、基尔霍夫电流定律

电路中往往出现有几条支路连接在一起的情况，一般把三条或三条以上支路的交点称为节点。图 2-7 中有多条支路汇合于 a 点，则 a 点称为节点。

对任何节点来说，连接于同一节点的各条支路的电流之间有一定的关系，它们必须遵循基尔霍夫电流定律。基尔霍夫电流定律的内容是：对任一节点，在任何时刻，流出该节点的电流之和等于流入该节点的电流之和，即电流的代数和恒等于零。

如图 2-7 所示，对节点 a 来说，流出的电流为 I_4，流入的电流为 I_1、I_2、I_3，根据基尔霍夫电流定律，有

$$I_4 = I_1 + I_2 + I_3$$

或
$$I_4 - I_1 - I_2 - I_3 = 0$$

写成一般形式则为

$$\sum I = 0 \qquad\qquad (2\text{-}5)$$

在应用式（2-5）时，一般规定：流出节点的电流为正，流入节点的电流为负。

在交流电路中，其电流瞬时值也满足基尔霍夫电流定律，一般表达形式为

$$\sum i = 0 \qquad (2-6)$$

基尔霍夫电流定律的本质是电流的连续性，电流流进节点就必然要流出节点，如果流不出去也就流不进来。在实际工作中，保护自己的关键是，不能把自己的身体作为电流的通道。为此，电工工作时要穿绝缘胶鞋，机床工要站在绝缘的平台上进行操作。图 2-8 所示为安全防护示意图。

必须指出，连接于同一节点的各支路，不论这些支路上接的是何种性质的元件，其电流都需受基尔霍夫电流定律的约束，所以基尔霍夫电流定律是连接方式的约束，而与元件的性质无关。

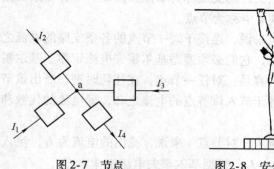

图 2-7　节点　　　　　图 2-8　安全防护示意图

二、基尔霍夫电压定律

电路中往往出现有许多回路，所谓回路就是由两条或两条以上支路组成的封闭路径，如图 2-9 所示。

当电路中的参考点已选定后，a、b、c、d 各点就都有确定的电位值。各段支路的电压为

$$U_{ab} = V_a - V_b$$

$$U_{bc} = V_b - V_c$$
$$U_{cd} = V_c - V_d$$
$$U_{da} = V_d - V_a$$

各段电压代数和为

$$U_{ab} + U_{bc} + U_{cd} + U_{da}$$
$$= (V_a - V_b) + (V_b - V_c) + (V_c - V_d) + (V_d - V_a)$$
$$= 0$$

因此，对任一回路，在任何时刻，回路中各段电压的代数和恒等于零，即

$$\sum U = 0 \qquad (2-7)$$

在应用式（2-7）时，首先要确定回路的绕行方向。规定：凡与绕行方向一致的电压为正，与绕行方向相反的电压为负。

在交流电路中，其电压瞬时值也满足基尔霍夫电压定律，表达形式为

$$\sum u = 0 \qquad (2-8)$$

必须指出，组成同一回路的各支路，不论这些支路上接的是何种性质的元件，其电压都需要受基尔霍夫电压定律的约束。所以，基尔霍夫电压定律也是连接方式的约束，而与元件的性质无关。

基尔霍夫电压定律的本质是电位的单值性，即电路中任一点的电位在一个时刻只有一个数值，电路中两点间的电压与选择的计算路径无关。在图 2-9 所示电路中，有

$$U_{ab} + U_{bc} + U_{cd} + U_{da} = 0$$

所以　　　　$$U_{ab} + U_{bc} = -U_{cd} - U_{da}$$

即　　　　$$U_{ab} + U_{bc} = U_{ad} + U_{dc} \qquad (2-9)$$

式（2-9）表明，虽然选择的路径不同，但都是从 a 点

到 c 点的电压 U_{ac}。也就是说，计算的路径虽不同，但其电压值是相同的。

对于电路中不同的节点，其电位值是不同的（等电位点除外），不同两点的电位就构成了电压。为了不使人的身体成为电流的通路，就要求人体不能触及电路中不同电位的两点。如图 2-10 所示，人体触及电路中不同电位的两点而发生触电事故。

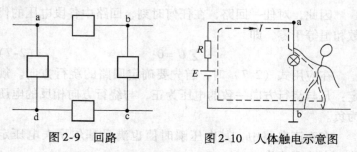

图 2-9　回路　　　　　　图 2-10　人体触电示意图

第四节　功率平衡定律和能量平衡定律

一、电功率和功率平衡定律

（1）电阻的电功率　电阻是耗能元件，永远是消耗功率的。把单位时间内电场力在电阻上所做的功称为电阻的电功率，用字母 P 表示。

电阻两端的电压在数值上等于将单位正电荷由电阻一端移到另一端电场力所做的功，电阻中的电流是单位时间内所移动的电荷量。所以电流通过电阻时，单位时间内电场力所做的功为电流与电压的乘积。这些功转换成了热能和光能等其他形式的能量，已全部被电阻消耗了，所以电阻的电功率为

$$P = IU \tag{2-10}$$

结合欧姆定律，可得到下面的计算公式

$$P = I^2 R = \frac{U^2}{R} \qquad (2\text{-}11)$$

式中，若电流 I 的单位用 A，电压 U 的单位用 V，电阻 R 的单位用 Ω，则电功率 P 的单位为瓦，用字母 W 表示，即

$$1\text{W} = 1\text{A} \times 1\text{V}$$

此外，电功率的单位还有千瓦（kW）。

例 2-6　220V、40W 和 220V、100W 的灯泡，哪一个电阻大？

解　根据 $P = \frac{U^2}{R}$，有

$$R = \frac{U^2}{P}$$

$$R_{40} = \frac{(220\text{V})^2}{40\text{W}} = \frac{48400\text{V}^2}{40\text{W}} = 1210\Omega$$

$$R_{100} = \frac{(220\text{V})^2}{100\text{W}} = \frac{48400\text{V}^2}{100\text{W}} = 484\Omega$$

答　计算结果说明，瓦数大的灯泡电阻小。这是因为电源电压通常是一定的，电路中的电阻越小，所消耗的功率就越大。

（2）电压源的电功率　电压源可能放出功率，也可能吸收功率，其判断原则如图 2-11 所示。当电流在电源内部由负极流向正极时，该电压源是放出功率的，如电池放电；当电流在电源内部是由正极流向负极时，该电压源是吸收功率的，如电池被充电。

电压源的电动势 E，是指电源力在电源内部将单位正电荷由负极移到正极克服电场力所做的功，所以电压源的电功率为

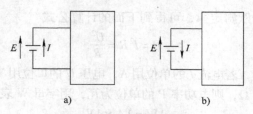

图 2-11 功率的判断原则

a）放出功率 b）吸收功率

$$P = IE \tag{2-12}$$

（3）电功率平衡定律 当一个电路与外界没有任何电磁联系时，就可看成是一个封闭电路。如图 2-12 所示，负载上消耗的功率是由电源供给的，电源发出的功率和电路中消耗的功率是平衡的。现分析如下：

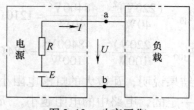

图 2-12 功率平衡

对图 2-12 所示电路，由基尔霍夫电压定律和欧姆定律可得

$$E = IR + U$$

两边同时乘以 I，则有

$$IE = I^2 R + IU$$

可写成

$$P_S = P_R + P_Z \tag{2-13}$$

即

$$\begin{bmatrix} 发出 \\ 功率 \end{bmatrix} = \begin{bmatrix} 电源内部 \\ 损耗功率 \end{bmatrix} + \begin{bmatrix} 负载的 \\ 受电功率 \end{bmatrix}$$

式（2-13）为电功率平衡定律 即电源所发出的功率等于负载和电源内阻消耗的功率之和。

功率平衡是瞬时平衡，根据功率平衡定律必须错开尖峰负荷，错开尖峰负荷虽没有节约电能，但可以做到合理用电。

二、电能和能量平衡定律

（1）电能的计算 单位时间内发出或消耗的能量称为功率，而电能则是指一段时间内发出或消耗的能量，电能用符号 W 表示，单位为瓦·秒，即焦耳（J）。电能等于平均功率与时间的乘积，即

$$W = Pt = IUt \tag{2-14}$$

在实际应用中，时间 t 常用小时（h）为单位；而用电设备的功率通常以 kW 为单位，此时电能单位为千瓦·时（kW·h）。

（2）能量平衡定律 根据功率平衡定律，有

$$P_S = P_R + P_Z$$

将式子两边同乘上 t，即

$$P_S t = P_R t + P_Z t$$

所以

$$W_S = W_R + W_Z \tag{2-15}$$

式（2-15）为电能平衡方程式。可见，功率平衡必然带来能量平衡。电能是二次能源，节约电能就是节约一次能源。

三、电能的测量及电能表

（1）电能及电费的计算 实用电能单位是 kW·h，在日常用电收费中是以 kW·h 来计算的。

例 2-7 一台收音机，每天收听 5h，它所需的功率为40W。当 1kW·h 电能收费 0.22 元时，问用户每月需为这台收音机交纳多少电费？

解　每月用电小时数

$$t = 5 \times 30\mathrm{h} = 150\mathrm{h}$$

每月消耗电能

$$W = Pt = 40 \times 10^{-3} \times 150\mathrm{kW \cdot h} = 6\mathrm{kW \cdot h}$$

用户每月应付电费

$$0.22 \,元/（\mathrm{kW \cdot h}）\times 6\mathrm{kW \cdot h} = 1.32 \,元$$

答　用户每月需为这台收音机交纳电费 1.32 元。

（2）电能表的结构和接线　电能表是用来测量电能的仪表，在日常生活中常见的电能表是交流单相电能表。图 2-13 所示为交流单相电能表的结构。当电流流入线圈后，即可推动铝盘转动，铝盘的转动带动计数器工作，这样电能就被记录下来了。

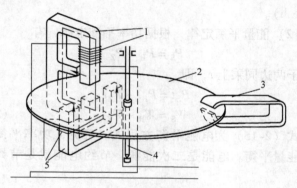

图 2-13　电能表的结构

1—电压铁心与线圈　2—转动铝盘　3—阻尼磁铁
4—转动轴　5—电流铁心与线圈

电能表在使用时，与被测电路的实际安装接线方法如图 2-14 所示。只要把电能表下面的封盒片打开，电源的相线、中性线与 1、3 接头连接，把 2、4 接头与负载连接就可使用了。

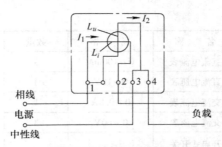

图 2-14 电能表的接线

实验 电阻的串并联

（一）实验目的

1）学会按图接线，提高动手能力。

2）学会使用直流电流表、电压表。

3）验证基尔霍夫定律和欧姆定律。

4）学会使用交流电流表、电压表。

（二）实验器材

实验器材见表 2-1。

表 2-1 实验器材

序号	代号	名　称	规　格	数量	备　注
1		直流稳压电源	9V	1	
2		单相调压器	2kW·A 220V/0~250V	1	
3	R	滑线电阻	0.5A 400Ω	1	
4	R	薄膜电阻	1W 100Ω, 200Ω, 300Ω	各1个	
5	L	电感线圈	0.5A 1H	1	可用40W/220V镇流器代替

（续）

序号	代号	名　称	规　格	数量	备　注
6	Ⓐ	直流电流表	0～100mA	3	
7	Ⓥ	直流电压表	0～15V	3	
8	Ⓐ	交流电流表	0～0.5A	1	
9	Ⓥ	交流电压表	0～60V	3	
10	Q	开启式开关熔断器组	2A 250V	1	

（三）实验内容和步骤

1）按图2-15正确接线，并在接通电源后，测出电流、电压，填入表2-2中。

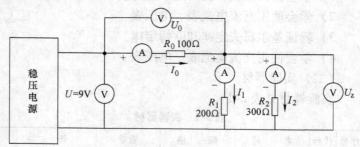

图　2-15

2）根据实验数据，在误差允许的范围内回答如下问题：

表2-2　实验数据

I_1	I_2	I_0	U_z	U_0	U

① $I_1 + I_2 = I_0$ 吗？

② $U_z + U_0 = U$ 吗？

3）按图2-16正确接线，经教师检查合格后接通电源，逐步将第一块交流电压表调至36V，测出电流、电压值并填入表2-3中。

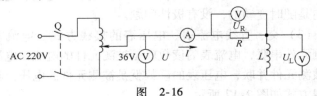

图　2-16

表2-3　实验数据

I	U_R	U_L	U

4）根据实验结果，在误差允许的范围内回答下列问题：

① 尽管有 $u = u_R + u_L$，但还存在有

$$U = U_R + U_L$$ 吗？

② 交流电流表、电压表是否像直流表一样存在着极性问题？

（四）交、直流电流表、电压表的使用说明

（1）交、直流电流表、电压表的识别　交直流电流表、电压表很容易识别。其识别办法见表2-4。

表2-4　交、直流电流表、电压表的识别方法

	表盘文字符号	表盘分度特点
直流电流表	$\underline{A}$	分度均匀
直流电压表	$\underline{V}$	分度均匀
交流电流表	$\underset{\sim}{A}$	分度不均匀
交流电压表	$\underset{\sim}{V}$	分度不均匀

（2）交、直流电流表、电压表的极性　对于直流电表，只有当表头内部的电流由表的正极流向负极时，其指针才能向右正常偏转，这就必须预先判断电流、电压的方向，因此直流电表就有所谓极性问题；对于交流电表，电流、电压的方向是随时变动的，没有极性问题。

（3）交、直线电流表、电压表的接线方式　电流表与被测元件串联，电流表的读数就是被测元件的电流；电压表与被测元件并联，电压表的读数就是被测元件的电压。具体接线方式如图 2-17 所示。

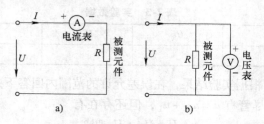

图 2-17　电流表、电压表的接线方式
a）电流表　b）电压表

（4）量程的选择　测量前，应事先估计出被测电流、电压的大致范围，以便选择合适的量程。如果被测电流、电压远远小于满分度值，则指针偏转很小，测量误差较大；若被测电流、电压大于满分度值，则指针会迅速偏转到满分度位置，这样不仅不能读出电流、电压的实际数值，而且还会打弯指针，甚至烧坏表头而损坏仪表。一般情况下，表头指针的偏转角度应以满分度的 1/2 ~ 2/3 为宜。

电流、电压表一般有多个接线柱，以供测量不同大小的电流、电压使用。接线时，一端接在 "＊" 或 "-" 接线柱上，另一端接在适当量程的接线柱上。

复 习 题

1. 全电路如图 2-18 所示，求电流 I 并判断图中的电压源是放出功率还是吸收功率。

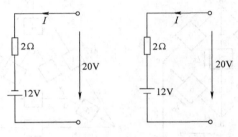

图 2-18

2. 图 2-19 所示为一台直流发电机给两个并联负载供电的电路。图中发电机发出的电动势 $E = 264\text{V}$，内阻 $R_0 = 2\Omega$，负载 $R_1 = 30\Omega$、$R_2 = 60\Omega$，求（1）各负载电流；（2）电动势所发出的功率、内阻消耗的功率和负载所消耗的功率；（3）验证功率是否平衡。

3. 图 2-20 所示为一个电阻炉接在正弦电压上工作的情况。已知电压 $u = 220\sqrt{2}\sin(314t + 30°)$ V，电阻 $R = 11\Omega$，求（1）电流的瞬时值表达式、有效值；（2）所消耗的功率。

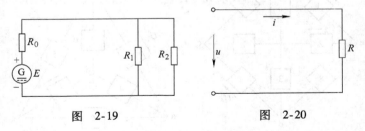

图 2-19   图 2-20

4. 如图 2-21 所示，试指出有几个节点。已知 $I_1 = 5\text{A}$，$I_2 = 3\text{A}$，$I_3 = 2\text{A}$，求 I_4、I_5、I_6 各为多少？

5. 如图 2-22 所示，试指出有几个节点。若 $I_1 = 10A$，$I_2 = 8A$，$I_3 = 5A$，$I_7 = 2A$，求元件 4、5、6、8、9 上的电流各为多少，并标明其方向。

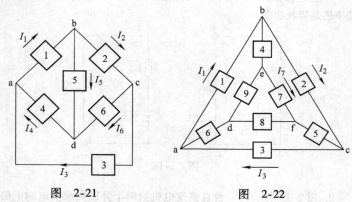

图　2-21　　　　　　　　　　　图　2-22

6. 如图 2-23 所示，已知 $U_1 = 10V$，$U_2 = 7V$，$U_3 = 5V$，$U_4 = 2V$，求元件 5、6、7、8 上的电压各为多少，并标明其方向。

7. 如图 2-24 所示，若选择 d 点为零电位点，已知 $U_1 = 4V$，$U_2 = 2V$，$U_3 = 5V$，试求 a、b、c 各点的电位。

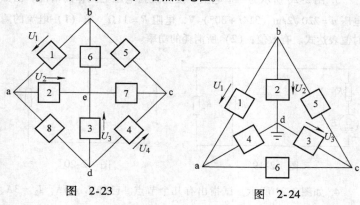

图　2-23　　　　　　　　　　　图　2-24

第三章 实用电路

第一节 常用低压电器

为了使电动机满足生产机械的要求，必须配备一定的低压电器。低压电器分为配电电器（断路器、开关、熔断器）和控制电器（热继电器、按钮、接触器）。

一、开启式开关熔断器组

它是一种较简单的手动控制电器，根据触刀数多少分为三极和二极两种。图 3-1 所示为二极开关的符号及外形结构。

二极开关多用于不频繁通断的小容量照明电路。安装时，应将瓷手柄向上推为合闸，不能横装或倒装，否则将造成事故。

二、封闭式开关熔断器组

这是一种防护式手动开关，其符号及外形结构如图 3-2 所示。它主要由触刀、瓷插式熔断器、操作机构及外壳组成。为了安全，其装有机械联锁装置，即箱盖打开时不能合闸，合闸后箱盖不能打开。它的外壳应可靠接地，以防因漏电而造成触电事故。

它多用于不频繁通断的小功率电动机直接起动电路。

三、组合开关

组合开关的符号、外形和结构如图 3-3 所示。

组合开关的三对动触头与转轴固定连接，可随手柄的转

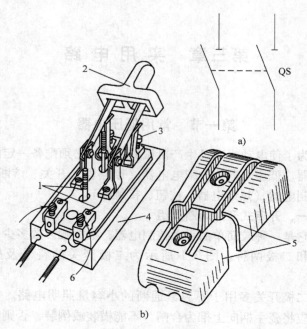

图 3-1　开启式开关熔断器组

a) 符号　b) 外形结构

1—熔丝　2—瓷手柄　3—接电源

4—瓷质底座　5—胶盖　6—接用电器

动使动、静触头接通或分断。可用作电源的引入开关，也可用于控制机床上的小功率异步电动机。

　　四、按钮

　　按钮分为动合按钮、动断按钮和复合按钮。复合按钮的符号、外形和结构如图 3-4 所示。

　　按钮与接触器、继电器等配合使用，能够实现对主电路的通断控制。

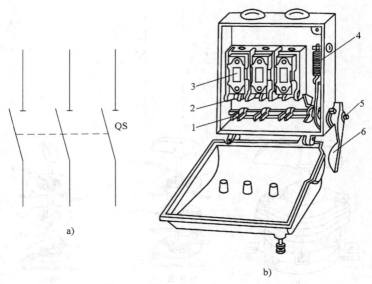

图 3-2　封闭式开关熔断器组

a）符号　b）外形结构

1—触刀　2—夹座　3—熔断器　4—速断弹簧　5—转轴　6—手柄

五、断路器

断路器的符号、外形和结构如图 3-5 所示。

断路器用于手动时，相当于普通开关；但当电路出现严重过载、短路、欠电压或失电压时，能够自动切断电路，从而起到保护设备的作用。因此，它比封闭式开关熔断器组有更多的优点，并且被广泛采用。

六、交流接触器

交流接触器是一种自动控制电器，其基本结构包括触头系统、动作机构、灭弧装置及辅助系统四部分，其符号、外形结构如图 3-6 所示。

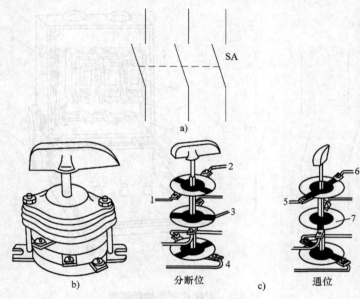

图 3-3　组合开关

a）符号　b）外形　c）结构

1—电源　2—负载　3—动触头　4—静触头　5—电源

6—负载　7—绝缘垫板

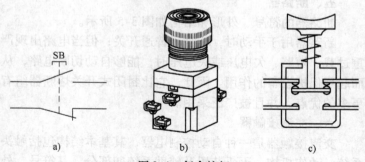

图 3-4　复合按钮

a）符号　b）外形　c）结构

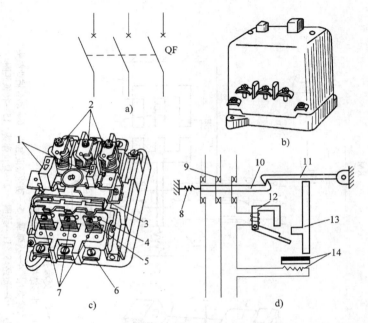

图 3-5 断路器

a）符号 b）外形 c）结构 d）工作原理

1—按钮 2、12—电磁脱扣器 3—自由脱扣器 4—动触头

5—静触头 6—接线柱 7、14—热脱扣器 8—恢复弹簧

9—主触头 10—锁链 11—搭钩 13—滑杆

在图 3-6c 中，当交流接触器的线圈中通入电流时，动铁心与静铁心吸合，使主触头闭合，主电路接通，电动机获电运转；同时，动合辅助触头闭合，动断辅助触头断开。当线圈断电或电压过低时，动铁心释放，各触头复位，主电路断开，电动机失电停转。

因交流接触器能实现大容量及远距离控制，故被广泛用于机床电气控制系统中。

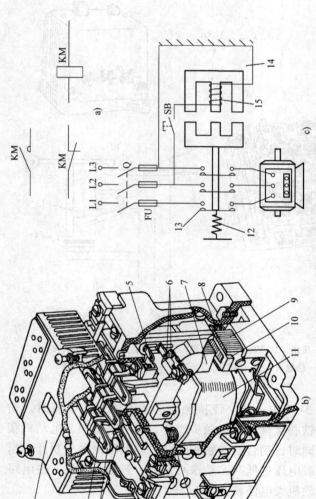

图 3-6　交流接触器

a) 符号　b) 外形结构　c) 工作原理

1—反作用弹簧　2、13—主触头　3—触头压力弹簧片　4—灭弧罩　5—动断辅助触头　6—动合辅助触头

7—动铁心　8—缓冲弹簧　9、14—静铁心　10—短路环　11—线圈　12—复位弹簧　15—衔铁线圈

七、控制变压器

变压器是一种能将某一数值的交流电压变成同频率的另一种数值的交流电压的电气设备，在改变电压的同时，还能改变电流等。

变压器的种类繁多，结构各异，但都包括铁心和绕组。这里只介绍控制变压器。控制变压器的符号、外形和结构如图 3-7 所示。

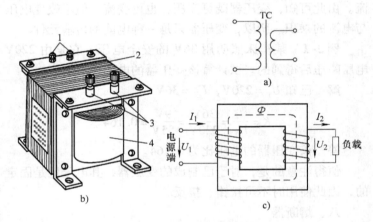

图 3-7 控制变压器

a) 符号 b) 外形 c) 结构

1—出线 2—铁心 3—进线 4—绕组

在图 3-7c 中，接电源的绕组称为一次绕组，接负载的绕组称为二次绕组。一次绕组的各量，均在其下角标注 1，如匝数 N_1、电压 U_1 及电流 I_1；二次绕组的各量，均在其下角标注 2，如 N_2、U_2 及 I_2。一、二次绕组各量之间的关系是：电压与匝数成正比，电流与匝数成反比。若令 $K = \dfrac{N_2}{N_1}$ 为匝数比（电压比），则有如下关系：

$$\frac{U_2}{U_1} = \frac{N_2}{N_1} = K, \ U_2 = KU_1 \tag{3-1}$$

$$\frac{I_2}{I_1} = \frac{N_1}{N_2} = \frac{1}{K}, \ I_2 = \frac{1}{K}I_1 \tag{3-2}$$

当 $K > 1$ 时，为升压变压器，它升高了电压但减小了电流；当 $K < 1$ 时，为降压变压器，它降低了电压但增大了电流。由此可知，变压器既可变压，也可变流，但不改变电压与电流的乘积。所以，变压器只是一种电能的传输元件。

例 3-1 某车床照明用 36V 的安全电压，它是由 220V 电压降压后得到的。试计算该变压器的电压比。

解 已知 $U_1 = 220V$，$U_2 = 36V$

$$K = \frac{U_2}{U_1} = \frac{36V}{220V} = \frac{9V}{55V} = 0.164$$

答 该变压器的电压比为 0.164。

值得注意的是，对于已制成的变压器，其电压比是固定的，因此使用时不可接错、接反。

八、熔断器

常用的熔断器有插入式或螺旋式两种，它们的符号、外形和结构如图 3-8 所示。

熔断器是一种简单而有效的保护电器，串联于被保护电路中，作为电路的短路或严重过载时的保护。它的熔体是一段很容易熔化的金属丝和金属片，正常情况下相当于导线；当发生短路或严重过载时，熔体则因过热而迅速熔断，从而起到了切断电源；保护设备的作用。部分铅熔丝的额定电流和熔断电流见表 3-1。表中额定电流是指熔断器正常工作时通过的最大电流，一般为熔断电流的 1/2。

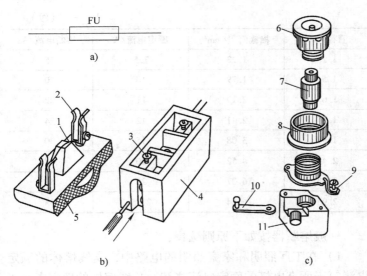

图 3-8 熔断器

a) 符号 b) 插入式 c) 螺旋式

1—熔丝 2—动触刀 3—静触刀 4—瓷底座 5—瓷盖 6—瓷帽

7—熔断管 8—瓷套 9—上接线柱 10—下接线柱 11—座子

表 3-1 部分铅熔丝的额定电流和熔断电流

直径/mm	横截面积/mm²	额定电流/A	熔断电流/A
0.52	0.212	2	4
0.54	0.229	2.25	4.5
0.60	0.238	2.5	5
0.71	0.40	3	6
0.81	0.52	3.75	7.5
0.98	0.75	5	10
1.02	0.82	6	12

（续）

直径/mm	横截面积/mm²	额定电流/A	熔断电流/A
1.25	1.23	7.5	15
1.51	1.79	10	20
1.67	2.19	11	22
1.75	2.41	12	24
1.98	3.08	15	30
2.40	4.52	20	40
2.78	6.07	25	50
2.95	6.84	27.5	55

一般熔断器按如下原则选择：

1）在工厂照明和家庭照明的电路中，支线熔体的额定电流等于所有电灯的额定电流之和，总线熔体的额定电流等于0.9~1.0倍的电能表额定电流。

2）在单台电动机控制电路中，熔体的额定电流等于1.5~2.5倍的电动机额定电流。

3）在多台电动机控制电路中，熔体的额定电流等于1.5~2.5倍最大电动机的额定电流与其余电动机的额定电流之和。

熔体是特殊制品，在实际使用中，不允许用其他导体代替，否则将引起设备事故或火灾。

九、热继电器

热继电器主要用于电动机的过载保护，它是利用电流热效应工作的，其符号、外形结构和工作原理如图3-9所示。

热继电器的基本结构包括：热元件、触头、动作机构、复位按钮、电流调节旋钮等。

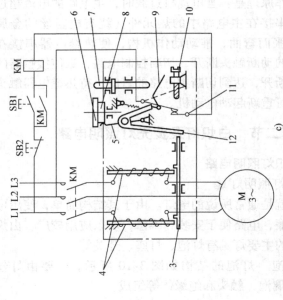

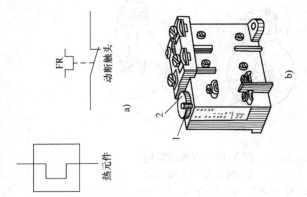

图 3-9 热继电器

a) 符号 b) 外形 c) 工作原理

1—手动复位按钮 2—电流调节旋钮 3—滑杆 4—双金属片电阻丝 5—摆杆 6—电流调节旋钮 7—复位按钮 8—偏心凸轮 9—动触头 10—限位螺钉 11—静触头 12—八字拨杆

它的工作原理是：当电动机过载时，主电路的电流超过额定值，使串接在主电路中的热元件（绕有电阻丝的金属片）受热膨胀而弯曲，推动动作机构，使热继电器串接在控制电路中的动断触头断开，切断控制电路，致使接触器的三对主触头断开，达到切断主电路的目的。待热继电器触头复位后，方可重新起动电动机。

第二节　白炽灯及荧光灯照明电路

一、白炽灯照明电路

1. 白炽灯照明灯具

白炽灯就是通常所说的电灯。由于其结构简单，使用可靠，价格低廉，电路便于安装和维修，所以应用较广。白炽灯照明电路的主要灯具有灯泡、灯座、开关等。

（1）灯泡　灯泡的结构如图 3-10 所示。主要由灯丝（钨丝）、玻璃泡、触头和绝缘体等组成。

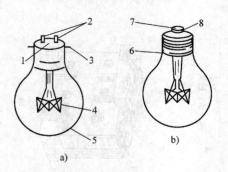

图 3-10　灯泡的结构

a）插口式　b）螺口式

1、8—绝缘体　2、7—触头　3—卡脚　4—灯丝

5—玻璃泡　6—螺纹触头

白炽灯的灯丝由钨丝制成，具有极高的熔点（3300~3400℃）和很大的机械强度。

当电流通过钨丝使其温度升高到2200~3000℃时，钨丝便因炽热而发光。但输入灯泡的电能，只有少部分变为光能，而大部分变为热能，因此白炽灯的发光效率很低。然而因其光线柔和自然，还是有可取之处的。

白炽灯泡有真空和充气两种。真空白炽灯是将灯泡内的空气抽出，使灯泡内部接近真空；充气白炽灯是将灯泡内的空气抽出后，充以氩和氮的混合气体，这样可以防止灯丝雾化，并提高发光效率。

白炽灯的灯泡上标有电压和功率，使用时要使灯泡电压与电源电压等级相符，功率则分为 15W、25W、40W、60W、100W、200W、500W 及 1000W 等。

（2）灯座 又称为灯头，品种繁多。常用灯座的外形、规格和用途见表3-2。

表3-2　常用灯座

外　形	名　称	品种	额定电压/V	额定电流/A	用　途
	螺口吊灯座	胶木、铜壳	250	3	集体场所的一般户内吊式灯；民用户内潮湿环境或公用场合的吊式灯
	螺口平灯座	胶木、铜壳、瓷质	250	3	集体场所的一般户内平装灯；民用户内潮湿环境或公用场合的吊式灯

（续）

外　形	名　称	品　种	额定电压 /V	额定电流 /A	用　途
	防水吊灯座（螺口）	胶木、瓷质	250	3	户外吊式灯，或户内有水气、漏雨水场所的吊式灯
	螺口防水平灯座	胶木、瓷质	250	3	户外平装灯，或户内较潮湿、有漏水场所的平装灯
	螺口安全吊灯座	胶木	250	3	户内人体易触及场所的吊式灯；或户内潮湿，导电地面等场所的吊式灯
	螺口安全平灯座	胶木	250	3	户内人体易触及场所的平装灯；或户内潮湿、导电地面等场所的平装灯；或行灯
	螺口E型管吊灯座	瓷质	250	3~5	户内生产场所，通常配用大功率和需用管子吊装的电灯

（续）

外 形	名 称	品种	额定电压/V	额定电流/A	用 途
	螺口E型平灯座	瓷质	250	3～5	户内用大功率灯的场所

（3）开关 这里所说的开关，是指功率在1000W以下的电灯控制开关，它的结构和性能要适合不同使用环境的需要。开关的种类很多，常用电灯开关的外形和应用范围见表3-3。

2. 白炽灯照明电路的接线及控制方式

白炽灯照明电路常用的接线及控制方式见表3-4。

表3-3 常用电灯开关

外形	名称	品种	额定电压/V	额定电流/A	适用范围
	拉线开关（普通型）	胶木瓷质	250	3	户内一般场所普遍应用
	顶装式拉线开关（挂线合带开关）	胶木瓷质	250	3	户内吊装式灯座（挂线盒与开关合一）

（续）

外形	名称	品种	额定电压 /V	额定电流 /A	适用范围
	防水拉线开关	瓷质	250	5	户外一般场所或户内有水气、有漏水等严重潮湿场所
	平开关	胶木瓷质	250	3 5 10	户内一般场所
	暗装开关	胶木塑料	250	5 10	采用暗设管线线路的建筑物
	台灯开关	胶木金属外壳	250	1 2 3	台灯和移动电具

表 3-4　白炽灯照明电路常用的接线及控制方式

线路名称和用途	接线图	说　明
一只单联开关控制一盏灯	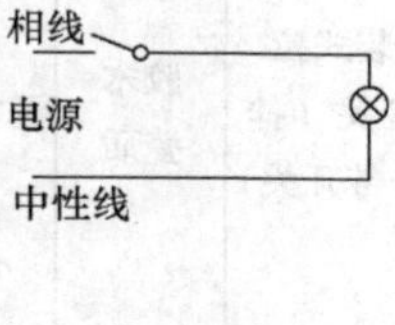 相线 电源 中性线	开关应安装在相线上，修理安全

（续）

线路名称和用途	接线图	说　明
一只单联开关控制两盏灯	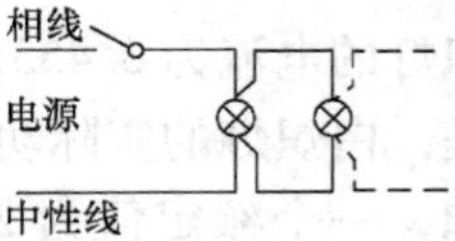 相线 电源 中性线	一只单联开关控制多盏灯时，可如左图中所示虚线接线，但应注意开关的容量是否允许
两只双联开关控制一盏灯	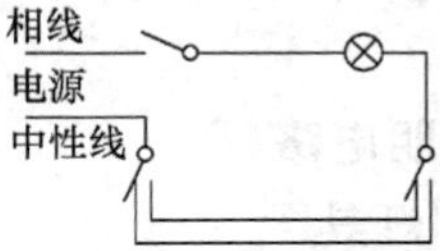 相线 电源 中性线	用于楼梯上电灯需楼上、楼下同时控制时；用于走廊中电灯需在走廊两端同时控制时

3. 白炽灯照明电路的计算

将白炽灯视为电阻，则白炽灯的功率、电压、电流、电阻各量间的关系为

$$P = U_R I_R = I_R^2 R = \frac{U_R^2}{R} \tag{3-3}$$

式中　P——白炽灯的功率（W）；

　　　U_R——白炽灯两端的电压（V）；

　　　I_R——通过白炽灯的电流（A）；

　　　R——白炽灯的电阻（Ω）。

根据白炽灯泡上标定的额定功率 P_N 和额定电源电压 U_N，便可利用式（3-3）计算其额定电流 I_N 和额定状态下的电阻 R。

例 3-2 已知某白炽灯的额定值为 220V、100W，试求额定状态时流过白炽灯的电流？

解　$I = \dfrac{P}{U_R} = \dfrac{100W}{220V} \approx 0.455A$

答　流过白炽灯的电流为 0.455A。

值得注意的是，白炽灯的实际功率与加在其两端的电压有直接关系。例如，一个额定值为 220V、100W 的白炽灯，当电源电压达到 220V 时，白炽灯所消耗的功率是 100W。当电源电压低于额定电压 220V 时，白炽灯所消耗的功率就达不到 100W。故此，白炽灯的实际工作状态和额定状态是有区别的。

二、荧光灯照明电路

1. 荧光灯照明灯具

荧光灯照明电路由灯管、镇流器、辉光启动器等部件组成，其基本结构如图 3-11 所示。

（1）灯管　其是一根直径为 15～38mm 的真空玻璃管，管内壁上涂上一层荧光粉，灯管两端各装一组用钨丝制成的灯丝，用以发射电子。管内抽成真空后充有一定量的氩气和少量水银。当管内产生弧光放电时，发出一种波长极短的不可见光，这种光被荧光粉吸收后转换成近似日光的可见光。

（2）镇流器　其作用是产生高压使灯管起辉工作；另外，当荧光灯管工作后，灯管的电阻减小，电流增大，此时镇流器起分压限流作用，以免电流过大而烧毁灯管。

（3）辉光启动器　它是在一个充有氖气的玻璃泡里面封入动、静触片。动触片为 U 形双金属片。其作用是使启辉支路接通和自动断开，相当于一个开关。

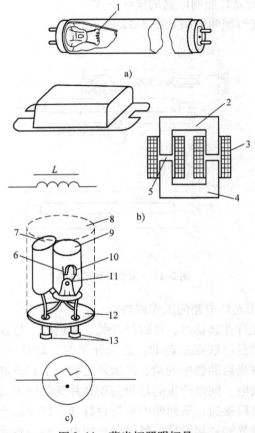

图 3-11　荧光灯照明灯具

a) 荧光灯管　b) 镇流器　c) 辉光启动器

1—灯丝　2—上铁心　3—线圈　4—下铁心

5—气隙　6—静触片　7—电容器　8—铝壳

9—玻璃泡（内充惰性气体）　10—动触片

11—涂铀化物　12—绝缘底座　13—插头

2. 荧光灯照明电路的接线方式

荧光灯照明电路如图 3-12 所示。

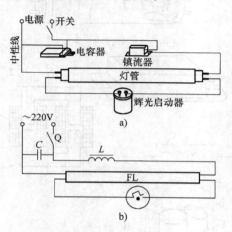

图 3-12　荧光灯照明电路

3. 荧光灯电路的工作原理

荧光灯在起动时，可以把开关、镇流器、灯丝和辉光启动器看做是串联在一起的。合上开关时，220V 交流电压全部加在辉光启动器中的动、静触片之间，引起玻璃泡内的氖气辉光放电，同时产生的热量使动触片受热伸展与静触片接触，将电路接通，从而使电流流过灯丝，灯丝因受热而发射电子。动静触片接触后，氖气停止放电，使动触片失去热源而冷却。动触片冷却后恢复原状而与静触片分离。这时镇流器发挥作用，促使管内氩气首先电离导电。氩气放电的热量又使管内水银蒸发，变成水银蒸气。当水银蒸气被电离而导电时，能发出大量紫外线、辐射出来的紫外线激励管壁上的荧光粉，使它发出柔和而近似日光的白色光。这样就完成了荧光灯灯管的起辉过程，使荧光灯进入了正常工作状态。

从上面分析可以看出，辉光启动器实质上就是一个自动开关，在没有它的时候，也可以用一个手动开关代替。

4. 荧光灯照明电路的计算

荧光灯照明电路在工作状态下可以看成是电阻、电感串联的单相交流电路，即 RL 串联电路。

在单相正弦交流 RL 串联电路中，电阻两端电压 U_R、电感两端电压 U_L 和电源电压 U 之间符合直角三角形关系，简称电压三角形，如图3-13所示。

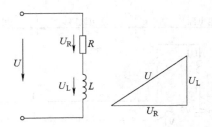

图 3-13　RL 串联电路及电压三角形

按图 3-13 可得出如下关系

$$U_R^2 + U_L^2 = U^2 \tag{3-4}$$

$$U_R = \sqrt{U^2 - U_L^2} \tag{3-5}$$

例 3-3　在某实际的 220V、40W 的荧光灯照明电路中，已测得电源电压为 220V，镇流器电压为 190V，求灯管电压。

解　$U_R = \sqrt{U^2 - U_L^2} = \sqrt{220^2 - 190^2}\,V = 110V$

答　灯管电压为 110V。

通过本例可以看出：

1）当荧光灯正常工作时，电源 220V 的电压并不全部加在灯管上，镇流器起到了分压作用。

2）灯管电压与镇流器电压之和并不等于电源电压。

第三节　三相电路

一、车间供电系统中的电源线

目前绝大多数工厂的车间采用的是三相低压供电系统，三相交流电由三相发电机发出。通过输变电线路送到车间的电源线共四根，如图 3-14 所示。

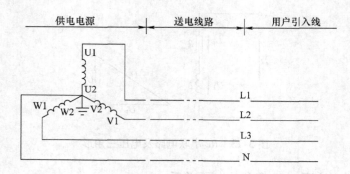

图 3-14　中性点接地的三相四线制

图中 L1、L2、L3 三根线称为相线，已接地的 N 线称为中性线（或零线）。这种供电方式称为三相四线供电制。

三相四线供电制可输送两种电压供选用，相线之间的电压称为线电压 U_L。相线与中性线之间的电压称为相电压 U_ϕ。这两种电压的数值是不同的，它们之间的关系为

$$U_L = \sqrt{3}\,U_\phi \tag{3-6}$$

或　　　　　　　　　$$U_\phi = U_L/\sqrt{3} \tag{3-7}$$

当线电压为 380V 时，则相电压只有 220V。而线电压为 220V 时，则相电压只有 127V。

车间有单相负载，也有三相负载。对单相负载。必须按负载的额定电压，将负载接到相同电压等级的电源线上。

家庭生活中的用电器多为 220V 的单相负载，所以送入家庭的电源线为一根相线和一根中性线。

二、三相负载的连接方式

三相负载是由三个单相负载组成。如何将三个单相负载组成一组三相负载，一般有两种连接方式，即星形（Ｙ）联结和三角形（△）联结。

（1）三相负载的星形（Ｙ）联结　将三个单相负载的一端连接在一起，构成一个节点，而另一端接至三根相线的接法，称为三相负载的星形联结，如图 3-15 所示。图中两组三相负载都是星形联结，第一组负载采用三相四线制供电，第二组负载采用三相三线制供电。

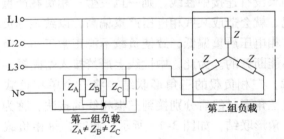

图 3-15　三相负载的星形联结

当三相负载中的每一相负载都相同时，称为对称三相负载，如三相电动机、三相电炉等，图 3-15 中的第二组负载就是对称负载；当三相负载中每一相负载不相同时，称为不对称的三相负载，如三相电路中的照明负载等，图 3-15 中的第一组负载就是不对称负载。

　　三相负载中的电流有相电流和线电流之分，电压也有相电压和线电压之分。每相负载上的电流、电压称为相电流、相电压，相电流、相电压分别用 I_ϕ、U_ϕ 表示；各端线的电流称为线电流，各端线之间的电压称为线电压，它们用 I_L、U_L 表示。对三相星形联结的负载，线电流就是相电流，但线电压不是相电压，即

$$I_L = I_\phi \qquad (3\text{-}8)$$
$$U_L \neq U_\phi \qquad (3\text{-}9)$$

　　当三相负载对称时，或者虽不对称，但采用三相四线制供电时，则线电压仍为相电压的 $\sqrt{3}$ 倍，即

$$U_L = \sqrt{3}\,U_\phi \qquad (3\text{-}10)$$

　　实际上的三相负载很难完全对称。之所以都希望能采用三相四线制供电，是因为中性线可以保证每相负载的电压相等。如果没有连接中性线，则一旦发生三相负载严重不对称的情况，就会造成某些相电压严重偏高，以致烧坏负载，而另一些相电压严重偏低，致使负载不能正常工作，所以中性线是不能断开的。为此，中性线上严禁接入熔断器。

　　（2）三相负载的三角形联结　将三个单相负载首尾相接联成三角形，然后分别接到三根相线的接法，称为三相负载的三角形联结，如图3-16所示。此时，每相负载承受的是电源的线电压。对于三角形联结的对称三相负载而言，线电流是相电流的 $\sqrt{3}$ 倍，即

$$U_L = U_\phi \qquad (3\text{-}11)$$
$$I_L = \sqrt{3}\,I_\phi \qquad (3\text{-}12)$$

　　综上所述，负载作三角形联结时的相电压比作星形联

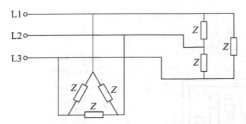

图 3-16 三相负载的三角形联结

结时的相电压要高$\sqrt{3}$倍。那么，三相负载具体采用何种连接方式，必须根据三相负载中每相负载所能承受的电压值来决定。例如在 380V/220V 的供电系统中，如果每相负载只能承受 220V 的电压，则必须采用星形联结；如果每相负载需要 380V 的电压，则必须采用三角形联结。若误将应作星形联结的负载接成三角形，就会因电压过高而烧坏负载；反之，若误将应作三角形联结的负载接成星形，又会因电压不足而使负载不能正常工作。为此，三相负载的连接方式及每相负载所能承受的电压，都将在负载的铭牌上有所标记。

第四节　三相异步电动机

一、三相笼型异步电动机的基本结构

三相笼型异步电动机的基本结构包括定子、转子及支撑构件三大部分，如图 3-17 所示。

（1）定子　定子是用来产生旋转磁场的，它由定子铁心和定子绕组组成。环形的定子铁心由冲了槽的硅钢片叠成。铁心槽内嵌放三个绕组，每个绕组为一相，构成三相绕组。三相绕组引出的六个线头固定在机座外壳的接线盒内，线头旁标有各相绕组的始末端符号，见表 3-5。

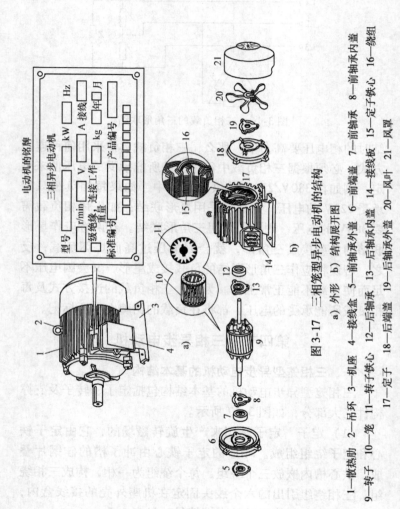

图 3-17 三相笼型异步电动机的结构

a) 外形 b) 结构展开图

1—散热肋 2—吊环 3—机座 4—接线盒 5—前轴承外盖 6—前端盖 7—前轴承 8—前轴承内盖 9—转子 10—笼 11—转子铁心 12—后轴承 13—后轴承内盖 14—接线板 15—定子铁心 16—绕组 17—定子 18—后端盖 19—后轴承外盖 20—风叶 21—风罩

电动机的铭牌

三相异步电动机

型号		r/min	V	kW	Hz
—级绝缘		连接工作	A	接线	
重量		号	kg		年 月
标准编号				产品编号	

表 3-5　定子绕组出线端标志新旧标准对照

定子绕组名称	出线端标志					
	首端			末端		
	旧标准	新标准		旧标准	新标准	
第一相	A	D1	U1	X	D4	U2
第二相	B	D2	V1	Y	D5	V2
第三相	C	D3	W1	Z	D6	W2

　　三相定子绕组可接成星形或三角形两种方式，但必须严格地按照一定的首、尾关系接线，如图 3-18 所示。同时还必须指出：究竟采用何种接法，要依据电动机每相绕组所承受的电压是否正好相当于铭牌所规定的电压。例如，对 380V/220V，Y/△ 的异步电动机，当线电压为 380V 时，只能接成星形联结，当线电压为 220V 时，则只能接成三角形联结。

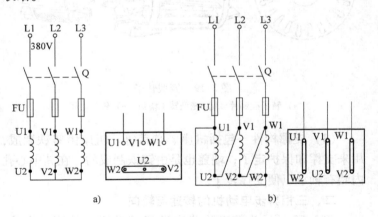

图 3-18　定子绕组的两种接线方式
a）星形联结　b）三角形联结

（2）转子　转子是电动机的转动部分，如图 3-19 所示。它的作用就是带动其他生产机械旋转做功。转子由转子铁心、转子绕组和转轴三部分组成。转子铁心由硅钢片叠成并压装在转轴上，硅钢片上冲有均匀分布的槽，槽内嵌放转子绕组。转子按其绕组的构造可分为笼型转子及绕线型转子。这里只介绍笼型转子。

笼型转子是在槽内放置裸铜条，其两端用短路环焊接起来而形成笼形的。中小型笼型电动机一般都采用在转子槽内铸铝，同时在端环上铸出叶片作为冷却风扇的笼型转子。为了改善起动特性，笼型转子都采用斜槽结构，即转子的槽不与轴线平行，而是扭斜一定角度。

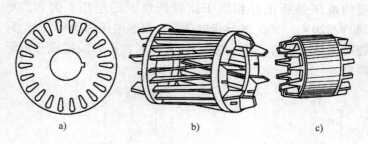

a)　　　　　　　　　　　b)　　　　　　　　　c)

图 3-19　笼型转子

a）转子硅钢片　b）笼型转子绕组　c）铸铝转子

（3）支撑构件　包括机座、端盖等。机座由铸铁制成，用来支撑和保护定子；端盖也是由铸铁制成的，在其中心孔内装有轴承以便支撑转子。

二、三相异步电动机的转速与转向

图 3-20 所示为笼型异步电动机转动原理的演示实验。在装有手柄的马蹄形磁铁的两极之间放置一个导电笼型转

子，当操纵手柄使马蹄形磁铁旋转时，发现笼型转子会跟着
马蹄形磁铁旋转，加快磁铁转动，笼型转子的转动也跟着加
快；如果让磁铁作相反方向的转动，则笼型转子也会改变
转向。

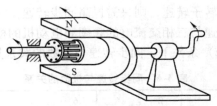

图 3-20 异步电动机模型

在上述实验中，首先由于磁铁的转动建立了一个旋转磁
场，笼型转子在这个旋转磁场作用下跟随磁场转动，这说明
转子转动的先决条件是要建立一个旋转磁场。除用永久磁铁
旋转产生旋转磁场外，在定子绕组中通以三相交流电也可建
立一个旋转磁场。图 3-21 所示为一个最简单的定子模型，
三个相同线圈的平面互成 120°。采用星形或三角形联结后，
当通入三相交流电时，放入线圈中的小磁针就会不停地转
动；互换两相相线，小磁针就会反转。这说明在定子空间内
存在着一个旋转磁场，置入转子后就可以使转子旋转。

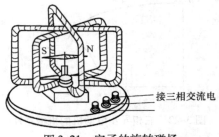

接三相交流电

图 3-21 定子的旋转磁场

　　三相异步电动机有同步转速与转子转速之分。同步转速指的是旋转磁场的转速，用 n_1 表示；转子转速就是标注在铭牌上的电动机的转速，用 n 表示。上述实验表明，要改变转子的转向，只需互换两根相线以改变旋转磁场的转向即可；要提高转子转速，则只需提高同步转速。

　　同步转速与三相交流电的频率和电动机的极数有关。在工频（50Hz）条件下，同步转速与极数的关系见表3-6。

表3-6　同步转速与极数的关系

极数	2	4	6	8	10	12
同步转速 / (r/min)	3000	1500	1000	750	600	500

三、异步电动机的机械特性

　　电动机的机械特性是指电动机的转速和电磁转矩的关系，如图3-22所示。图中，横坐标表示电动机的电磁转矩，这是电动机内部的动力转矩；纵坐标表示转子的转速。整个曲线反映了电动机转子、电磁转矩的变化，T_N、T_m、T_s 分别是额定转矩、最大转矩和起动转矩。

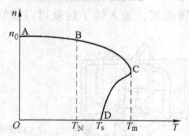

图3-22　三相异步电动机的机械特性

（1）额定转矩   指电动机在额定电压及额定负载状态下运行时，轴上输出的转矩，用 T_N 表示。可用公式表示为

$$T_N = 9550 \frac{P_N}{n_N} \qquad (3\text{-}13)$$

式中 P_N——电动机额定功率（kW）；

　　　　n_N——电动机额定转速（r/min）；

　　　　T_N——电动机额定转矩（N·m）。

（2）最大转矩   指电动机电磁转矩中的最大值，用 T_m 表示。当负载转矩大于或等于最大转矩时，电动机就要停转。最大转矩 T_m 与额定转矩 T_N 之比称为电动机的过载系数，用 K_m 表示为

$$K_m = \frac{T_m}{T_N}$$

一般对普通三相异步电动机，$K_m = 1.8 \sim 2.2$。

（3）起动转矩   指电动机接通电源而转子尚未转动时的电磁转矩，用字母 T_s 表示。笼型异步电动机的 $T_s = (1.0 \sim 1.8) T_N$。

需要指出，异步电动机电磁转矩的大小与电压的二次方成正比，因此，异步电动机的电磁转矩对电源电压是敏感的。若电源电压下降，电动机的电磁转矩就会大大下降，以致有可能发生烧坏电动机的事故。

四、异步电动机的主要额定参数

（1）额定功率   指电动机在额定转速下，转轴上所输出的机械功率，单位为 kW。

（2）额定电压   指定子绕组规定使用的线电压，单位为 V。

（3）额定电流   指电动机在额定电压下输出额定功率

时，定子绕组允许通过的线电流，单位为 A。

（4）额定转速　指电动机满载时的转子转速，单位为 r/min。

五、使用三相异步电动机的注意事项

1）三相异步电动机断相运行是多发性故障。接触不良，导线断裂，熔体熔断等，都能造成断相运行。外部表现为转速下降，音响异常，电流增大等，很容易烧坏电动机，一旦发现应立即切断电源。

2）电动机的过载运行将使转速降低，电流增大，时间太长就可能过热，加速绕组绝缘老化，降低使用寿命；当严重过载时，甚至发生堵转现象而烧毁电动机。

3）电源电压过高或过低，绕组接线错误或发生短路，都将使电动机过热损伤绕组绝缘，甚至烧坏电动机。

第五节　三相异步电动机控制电路

一、典型基本环节控制电路

电气控制电路通常是多个基本环节典型电路的组合，每个基本环节都可起到一定的控制或保护作用。

1. 具有欠电压、失电压、过载、短路保护的单向直接起动控制电路

如图 3-23 所示，图中 QS 为电源隔离开关，FU 为熔断器，SB1 为起动按钮，SB2 为停止按钮，KM 为交流接触器，FR 为热继电器。

该电路的工作过程如下：首先合上电源开关 QS，接通电源。

（1）起动过程

按下SB1 ⟶ KM线圈得电 ⟶ ┬ KM动合辅助触头闭合自锁
　　　　　　　　　　　　└ KM主触头闭合 ⟶ M起动运转

（2）停止过程

按下SB2 ⟶ KM线圈失电 ⟶ ┬ KM动合辅助触头断开
　　　　　　　　　　　　└ KM主触头断开 ⟶ M停转

该电路的保护作用如下：

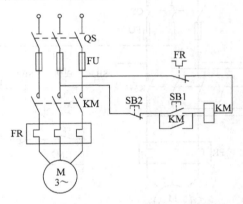

图3-23　具有过载保护的自锁控制电路

　　1）短路保护。当主电路电气设备发生短路故障时，熔断器 FU 熔断，切断电源，从而起到保护作用。

　　2）过载保护。当电动机在运行过程中严重过载时，线路电流增大，热继电器中的热元件受热动作使其触头 FR 断开，将控制电路断电，从而 KM 线圈失电，切断主电路。

　　3）欠电压及失电压（零电压）保护。当电源电压降低到低于额定电压的 85% 时，或电源电压消失时，交流接触器 KM 吸力不够，释放动铁心，主触头断开，主电路断电而使电动机失电停转，并且不能在电压恢复正常后自行起动，从而起到保护作用。

2. 接触器联锁正反转控制电路

如图 3-24 所示，电路中 SB1 和 KM1 控制电动机的正转，SB2 和 KM2 控制电动机的反转。

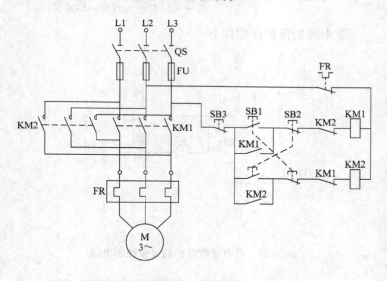

图 3-24　接触器联锁的正反转控制电路

必须指出，KM1 和 KM2 的主触头不允许同时闭合，否则将造成两相短路。为此，在 KM1 和 KM2 的控制电路中，分别串接了"对方"的动断辅助触头，这种相互制约作用称为联锁。

该电路的工作原理如下：合上电源开关 QS，接通电源。

（1）正转控制

（2）停转控制

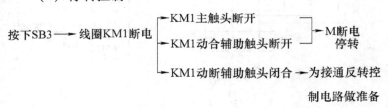

（3）反转控制

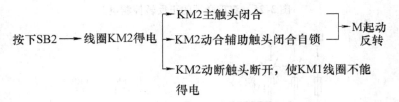

　　需要指出，此电路要改变电动机的转向，必须先按停止按钮，再按反转起动按钮，操作不方便。为此，在实际中可采用按钮和接触器双重联锁的正反转控制电路，如图 3-25 所示，其工作原理可自行分析。

　　3. 两台电动机的联锁控制

　　一台机床可能装有多台电动机，各台电动机所起的作用不同，它们之间往往有一定的顺序关系。例如某机床就要求只有在主轴电动机起动后，进给电动机方能起动。这种要求反映到控制电路上叫做两台电动机的联锁，如图 3-26 所示。

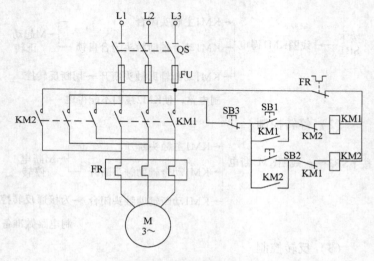

图 3-25 双重联锁的正反转控制电路

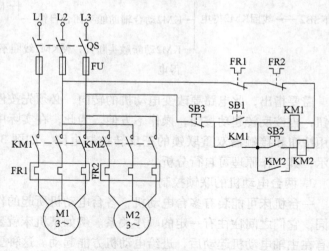

图 3-26 两台电动机联锁控制电路

图中，主轴电动机 M1 由 KM1 控制；进给电动机 M2 由 KM2 控制。可以明显地看出，只有在 M1 起动运转后，M2 才能起动，从而实现了两台电动机的联锁控制。

二、卧式车床的控制电路分析

图 3-27 所示为卧式车床的电气控制电路原理图，它包括主电路、控制电路、照明和信号指示电路三部分。

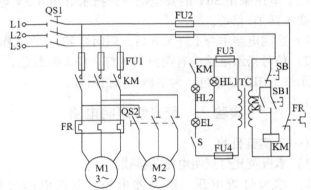

图 3-27 卧式车床电气控制电路原理图

1. 主电路中的两台电动机

其中 M1 为主轴电动机，M2 为液压泵电动机。M1 和 M2 均只要求正转控制。短路保护靠熔断器 FU1 和 FU2，过载保护靠热继电器 FR 来实现。

2. 控制电路中两台电动机的工作顺序

只有在主电动机 M1 运转后，冷却泵电动机 M2 才能起动，即 M1 与 M2 是两台电动机的联锁控制。

其工作原理如下：合上电源开关 QS1，引入电源。

（1）起动控制

按下SB1→KM线圈得电

→KM动合辅助触头闭合自锁

→KM主触头闭合 →电动机M1得电运转
→合QS2→电动机M2起动运转

（2）停止控制　只要按下 SB 即可。

3. 照明和信号指示电路

照明电压采用 36V 的安全电压，指示灯用 6.3V 电压，均由变压器 TC 供给。

1）照明电路中合上开关 S 后，照明灯 EL 点亮工作。

2）信号指示电路中有两只指示灯。HL1 是红色，为电源指示灯；HL2 是绿色，为主轴工作指示灯。

实验一　荧光灯照明电路

（一）实验目的

1）掌握荧光灯照明电路的接线。

2）掌握灯管电压、镇流器电压、电源电压之间的关系。

（二）实验器材

实验器材见表3-7。

表 3-7　实验器材

序列	代号	名称	规格	数量	备注
1	FL	荧光灯管	40W	1	
2	L	镇流器	220V，40W	1	
3		辉光启动器		1	
4	S	单掷开关	250V，2A	2	
5	Ⓥ（PV）	交流电压表	0～300V	3	

（三）实验内容及步骤

1）荧光灯照明电路接线练习。按图 3-28 所示电路接线，经教师检查无误后合上开关 S，观察荧光灯的起辉过程。

2）按图 3-29 所示电路接线，合上开关 S1，并在短时间内多次开合 S2，使荧光灯起辉工作。荧光灯工作后，记录 U_1、U_2、U 的数据，填入表 3-8 中。

3）根据实验和测量数据，在允许的误差范围内回答如下问题：

① 灯管电压、镇流器电压、电源电压是什么关系？

② 辉光启动器的作用是什么？

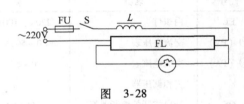

图　3-28

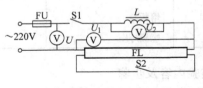

图　3-29

表 3-8　实验数据

	U_1	U_2	U
数据			

实验二 三相电路

（一）实验目的

1）掌握三相负载的两种连接方式。

2）掌握三相负载星形联结时，$U_L = \sqrt{3}U_\phi$；三角形联结时，$I_L = \sqrt{3}I_\phi$。

3）理解中性线的作用。

（二）实验器材

实验器材见表3-9。

表3-9 实验器材

序号	代号	名称	规格	数量
1	EL	白炽灯	220V，100W	15
2	Ⓥ（PV）	交流电压表	0 ~ 500V	4
3	Ⓐ（PA）	交流电流表	0 ~ 5A	4
4		三相调压器		1
5	QS	开启式开关熔断器组	500V5A	2
6	S	单掷开关	250V2A	16
7	FU	熔断器		3
8		螺旋灯座		15

（三）实验内容及步骤

1）将三组白炽灯和四只交流电压表、四只交流电流表按图3-30接成星形联结。经教师检查无误后，合上三相开启式开关熔断器组QS接通电源。首先，使三相负载对称，分为有无中性线两种情况记录数据；然后，使三相负载不对称，又分为有无中性线两种情况记录数据；将数据填入表 3-10 中。

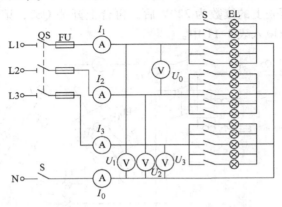

图   3-30

表 3-10   实验数据

		I_1	I_2	I_3	I_0	U_1	U_2	U_3	U_0
星形联结	有中性线								
对称负载	无中性线								
星形联结	有中性线								
不对称负载	无中性线								

2）根据实验和测量数据，在允许的误差范围内回答如下问题：

① 在对称三相负载条件下，U_L、U_ϕ 是什么关系，中性线有无电流，中性线有无作用？

② 在不对称三相负载条件下，中性线起何作用，无中性线有何危害？

3）将三相调压器、三组白炽灯按图 3-31 接成三角形联结，在教师检查无误后，合上电源开关 QS1，调三相调压器使电压表上的读数为 220V 后，再合上开关 QS2，记录实验数据，填入表 3-11 中。

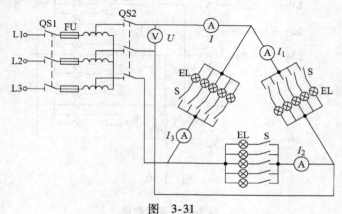

图　3-31

表 3-11　实验数据

	I_1	I_2	I_3	I	U
三角形联结对称负载					
三角形联结不对称负载					

4) 根据实验和测量数据，在允许的误差范围内回答如下问题：

① 在对称三相负载条件下，I_L、I_ϕ 是什么关系？这个关系在不对称三相负载中还存在吗？

② 为什么在此实验中要用到三相调压器？

实验三　三相异步电动机控制电路

（一）实验目的

1) 掌握定子绕组的极性及连接方式。

2）实现三相异步电动机正、反转控制电路，提高动手和分析能力。

（二）实验器材

实验器材见表3-12。

表3-12 实验器材

序号	代号	名称	规格	数量	备注
1	M	三相笼型异步电动机	1.7kW 380V	1	或其他规格
2	KM	交流接触器	CJ20-10 380V	2	与电动机配套
3	SB	起动按钮	LA19（绿）	2	其他型号
4	SB	停止按钮	LA19（红）	1	其他型号
5	FU	熔断器		3	与电动机配套
6		控制板	290mm×430mm	1	电工板或木板

（三）实验内容及步骤

1）按图3-32正确接线。

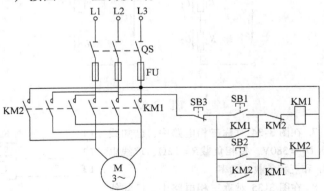

图 3-32

2）经教师检查无误后进行操纵，实现正、反转控制。

复 习 题

1. 叙述开启式与封闭式开关熔断器组、组合开关、断路器、交流接触器各自的用途和特点。

2. 叙述熔断器和热继电器的工作原理及其保护作用。

3. 在一个220V的供电线路中，安装有60W电灯两盏，40W电灯五盏和300W电热器一只，问这个线段的工作总电流为多少？装在这个线路中的熔丝的额定电流为多少？

4. 有一只额定值为220V、60W的白炽灯，接在有效值为220V的正弦交流电源上，求通过白炽灯的电流及灯泡的电阻。若该灯接在有效值为110V的正弦交流电源上，它实际消耗的功率是多少？

5. 在荧光灯照明电路中，辉光启动器和镇流器起什么作用？辉光启动器可用开关代替，镇流器的限流分压作用能否用电阻代替？

6. 在图3-33正弦电路中，已知 $U = 50V$，$U_1 = 30V$，求 U_2 的大小。

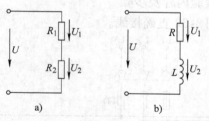

图 3-33

7. 在图3-34对称三相电路中，已知线电压 $U_L = 380V$，每相负载 $R = 22\Omega$，求线电流 I_L 和三相负载总功率。

8. 在图3-35对称三相电路中，已知线电压 $U_L = 380V$，每相负载 $R = 22\Omega$，求相电

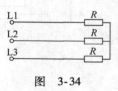

图 3-34

流 I_ϕ 和线电流 I_L。

9. 在三相四线供电制中，举例说明单相负载应根据什么原则接在哪种电压上，三相负载应根据什么原则接成何种连接方式，在星形联结中应根据什么原则决定采用还是不采用中性线？

10. 三相异步电动机的同步转速与极数是什么关系，转子转速与同步转速是什么关系，如何改变转子转向，使用三相异步电动机的主要注意事项有哪些？

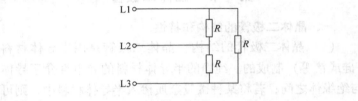

图 3-35

第四章 电子技术

第一节 晶体二极管

一、晶体二极管的结构和特性

（1）晶体二极管的结构　晶体二极管是用半导体材料（硅或锗等）制成的。纯净的半导体材料的导电性介于导体与绝缘体之间；若将某种微量杂质掺入半导体材料中，则可大量增加能够自由移动的载流子，从而提高它的导电性能。

如果渗入的微量杂质是硼、铟等三价元素，就会使半导体中增加大量的带正电荷的空穴，这种半导体称为空穴型半导体或 P 型半导体；如果渗入的微量杂质是磷、锑等五价元素，就会使半导体中增加大量的带负电荷的自由电子，这种半导体称为电子型半导体或 N 型半导体。不论是纯净的还是渗入杂质后的半导体，均是呈电中性的，渗入杂质后，只是提高了可以移动的载流子的浓度。

将 P 型半导体和 N 型半导体用特殊工艺结合在一起，并加以外引导线及管壳封装，就构成了晶体二极管，其符号及内部结构如图 4-1 所示。

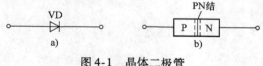

图 4-1　晶体二极管

a）符号　b）内部结构

（2）晶体二极管的特性　二极管中，P型半导体所在的区域称为P区，N型半导体所在的区域称为N区。P区和N区的分界面构成了一个PN结，PN结具有单向导电特性。当二极管的P区引线（称为阳极或正极）接电源正极，N区引线（称为阴极或负极）接电源负极，即加正向电压时，PN结的电阻很小（一般为几百欧），正向电流很容易通过；如果将二极管反接，即加反向电压时，PN结的电阻很大（一般为几百千欧），反向电流几乎为零。

（3）晶体二极管的分类和用途　根据二极管的用途，可将二极管分为点接触型和面接触型两种。

图4-2所示为点接触型二极管的外形和内部结构。其结构特点是PN结的结面积非常小，因此不能通过较大的电流；但它能在很高的频率下工作得很好。因此，点接触型二极管常用于电子技术中的检波和脉冲电路。

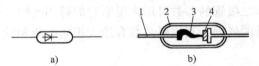

图4-2　点接触型二极管

a）外形　b）内部结构

1—引线　2—外壳　3—触丝　4—PN结

图4-3所示为面接触型二极管的外形和内部结构。其结构特点是PN结的结面积很大，做成平面形状，能通过很大的电流，但它的工作频率较低，这一类型的二极管主要用做整流，因此，面接触型二极管又称为整流二极管。由于面接触型二极管通过的电流较大，在使用中发热较严重，因此，对大功率二极管，一般都要附加散热装置。

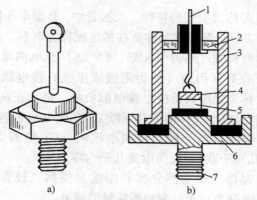

图 4-3　面接触型二极管

a）外形　b）内部结构

1—阳极　2—玻璃　3—外壳　4—铝片　5—N 型硅片
6—铜底座　7—连接螺栓

二、晶体二极管的主要参数

晶体二极管的参数可用来说明它的适用范围，是合理选用二极管的依据，其主要参数有最大正向电流和最大反向工作电压。

（1）最大正向电流　指的是二极管长期工作时，允许通过的最大正向电流平均值。如果电流太大，管子发热过度，会烧坏 PN 结。

（2）最大反向工作电压　这是指二极管工作时，允许承受的最大反向电压的峰值。为了防止管子因反向击穿而损坏，最大反向工作电压规定只有反向击穿电压的 1/2 左右，在选用二极管时，加在二极管上的反向电压峰值不允许超过这一数值。

三、晶体二极管的测试

在选用二极管时，常需辨别二极管的正负极性和粗略判断二极管的质量。

将二极管接入电路时,其极性不能接错,否则电路不能正常工作,甚至损坏管子和其他元器件。有些管子管壳上标有▷|的记号,有的则可根据型号查手册辨认极性。如果管壳上无任何标记或手边无手册可查时,可用万用表来判别二极管的正、负极性,并可检查它的单向导电性是否合格。

测量前,应将万用表欧姆挡的量程拨到 $R \times 100\Omega$ 或 $R \times 1k\Omega$ 挡位置。使用时必须注意,接万用表正端的表笔(一般为红表笔)是表内电池的负极,接万用表负端的表笔(一般为黑表笔)是表内电池的正极。

测量时,将万用表的两表笔分别接二极管的两极,如图4-4所示。如果电表指示的电阻较小,则黑表笔所接一端是二极管的正极,红表笔所接一端是负极。然后将红黑表笔对换再测,如果电表指示的电阻值很大,则说明前次判断的极性是正确的,而且管子的单向导电性能较好。

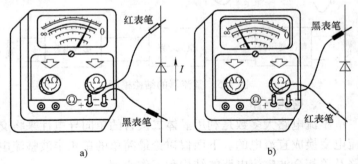

图 4-4 二极管极性的判断方法

a) 测正向电阻 b) 测反向电阻

如果两次测得的电阻都很小,则说明二极管反向短路

（击穿），管子失去了单向导电性；如果正、反向的电阻值均为无穷大，则表明管子已经断路。

第二节　二极管整流滤波电路

　　电解、电镀、蓄电池充电、直流电动机运行、发电机的励磁及几乎所有的电子仪器和通信设备的工作，均需要直流供电。虽然得到直流电的方法很多，但最经济简便的方法是将电力系统供给的交流电变换为直流电。

　　将交流电变换为直流电的过程叫做整流，进行整流的设备叫做整流器。整流器通常由变压、整流、滤波三部分组成，如图 4-5 所示。图中变压器把输入的交流电压变为整流电路所要求的电压值；整流电路把交流电变成方向不变、但大小随时间变化的脉动直流电；滤波电路把脉动的直流电变为较平滑的直流电供给负载。

图 4-5　整流器的结构框图

一、整流电路

　　整流电路大多数是利用晶体二极管的单向导电性来将交流电变换成直流电的。下面仅讨论最简单的单相半波整流电路及单相全波整流电路的结构和工作原理。

　　（1）单相半波整流电路　图 4-6a 所示为单相半波整流电路。

　　设整流变压器二次电压为一正弦交流电压，其波形如

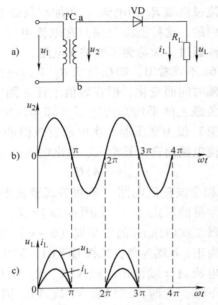

图 4-6　单相半波整流电路及其波形

a）半波整流电路　b）变压器二次电压波形　c）负载电压与电流波形

图 4-6b 所示。在 u_2 的正半周（$0 \sim \pi$）期间，变压器二次侧上端（a 点）为正，下端（b 点）为负，使二极管因受正向电压作用而导通，电流从变压器二次侧上端流出，经二极管 VD 流过负载 R_L，回到变压器二次侧下端。如果略去二极管的正向压降不计（一般在 0.7V 以下），则加在负载上的电压 u_L 等于变压器二次侧电压 u_2，如图 4-6c 中 $0 \sim \pi$ 的一段。在 u_2 的负半周（$\pi \sim 2\pi$）期间，变压器二次侧的上端为负，下端为正，使二极管因受反向电压作用而截止，负载中可以认为没有电流流过，其电压 u_L 为零，如图 4-6c 中 $\pi \sim 2\pi$ 的一段。因此，尽管 u_2 是变化的，由于二极管的单

向导电性，流过负载 R_L 的电流 i_L 和加在负载上的电压 u_L，都是单一方向的。这种整流电路只在电流电压 u_2 的半个周期内才有电流通过，故称为半波整流电路。

从图 4-6c 不难看出，加在负载 R_L 上的电压 u_L 的实际方向虽然不随时间而变化，但在数值上还是随时间变化的。可以证明，负载上的平均直流电压（即半波电压在一个周期内的平均值）仅为变压器二次电压有效值的 0.45 倍。对单相半波整流电路而言，其输入、输出电压的关系为

$$U_{out} = 0.45 U_{in} \tag{4-1}$$

（2）单相全波整流电路　单相桥式整流电路是单相全波整流电路常见的形式之一，如图 4-7a 所示。

在变压器二次电压 u_2 的正半周（$0 \sim \pi$）期间，由于二次绕组 a 端为正，b 端为负，二极管 VD1、VD3 因受正向电压而导通，电流自 a 端流出，经 VD1、R_L、VD3 回到变压器二次侧的下端。此时，二极管 VD2、VD4 因受反向电压而截止。

在 u_2 的负半周（$\pi \sim 2\pi$）期间，变压器二次侧的上端为负，下端为正，二极管 VD1、VD3 因受反向电压而截止，VD2、VD4 因受正向电压作用而导通，电流自变压器二次侧下端流出，经 VD2、R_L、VD4 回到变压器二次侧上端。

不难看出，在整个周期内，由于四个二极管分两组轮流导通，轮流截止，不断重复。因此，负载上得到一个单一方向的脉动电流和电压，如图 4-7c 所示。由于这种电路在电源电压 u_2 的整个周期内都有电流流过，故称为全波整流电路。

不难理解，全波整流和半波整流相比较，整流后负载 R_L 上的平均直流电压应提高了一倍，即

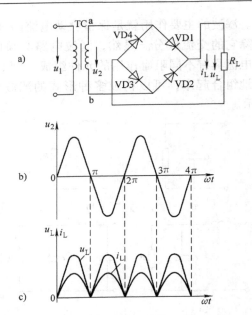

图 4-7　单相桥式整流电路及其波形

a）全波整流电路　b）变压器二次电压波形　c）负载电压、电流波形

$$U_{out} = 0.9U_{in} \tag{4-2}$$

二、滤波电路

（1）滤波电路的作用　利用整流电路虽然能把交流电转变为单一方向的脉动电压和电流，但从波形上不难看出，它们的脉动程度比较大。这种脉动较大的直流电源，用来对电镀、电解等负载供电还是可以的；但用来作为某些电子仪器或自动化检测装置的直流电源，则会因直流电源的平稳性不够而产生错误动作或出现错误结果等。因此，需要在整流电路之后再加接滤波电路，以改善直流电的平稳性。

将很不平稳的脉动直流电变为比较平稳的直流电的过程

称为滤波。滤波的主要作用就是保留脉动电流的直流成分，而尽量滤除它的交流成分。显然，滤波电路必须由一些对交、直流电流具有不同阻碍作用的元件组成。例如把电感、电容适当地组合起来，可以构成多种形式的滤波电路，如图4-8所示。

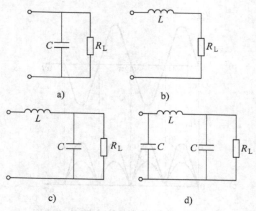

图4-8　常见的滤波电路

a）电容滤波　b）电感滤波　c）L型滤波　d）Π型滤波

（2）滤波原理　　电容具有"通交流隔直流"的作用，因此，电容器要与负载并联，为脉动直流电的交流成分开出一条通路，而让剩下的直流成分通过负载，这样负载上便得到了比较平稳的直流电压；电感具有"通直流阻交流"的作用，因此，电感要与负载相串联，以便让脉动电流中的直流成分通过，而不让交流成分通过。由此可知，为了让脉动直流电中的直流成分保留，而将交流成分去掉，电容起了疏导作用，而电感起了堵截作用。

图4-9是单相全波整流滤波电路及滤波前后的波形。

滤波电路的滤波效果是显著的，滤波后的直流电压，其平稳性得到了很大的改善。

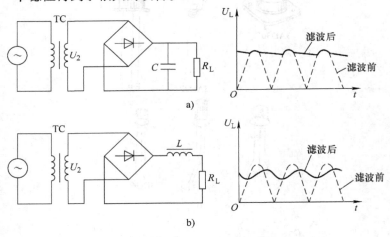

图 4-9　单相全波整流滤波电路及滤波前后的波形

　　a) 全波整流电容滤波及其滤波前后波形

　　b) 全波整流电感滤波及其滤波前后波形

第三节　晶　体　管

一、晶体管的结构和特性

（1）晶体管的基本结构　　晶体管由 P－N－P 或 N－P－N 三层半导体制成，因此，它有三个区、三个电极和两个 PN 结。中间层的半导体为基区，引出基极 B，两边的半导体分别称为发射区和集电区，分别引出发射极 E 和集电极 C。在基区和发射区之间的 PN 结称为发射结，在基区和集电区之间的 PN 结称为集电结。晶体管的封装形式、图形符号和基本结构如图 4-10 所示。

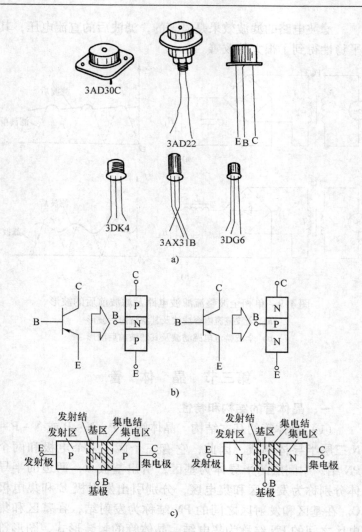

图 4-10 晶体管

a) 封装形式 b) 图形符号 c) 基本结构

目前使用的晶体管大多用锗材料和硅材料制成，锗管多数为 PNP 型管，硅管多数为 NPN 型管。

（2）晶体管的电流放大特性　制造晶体管时，可以使基区做得很薄，掺杂较少。这样，当发射结有正向电流时，集电结很容易反向导通。

不论是 PNP 型管还是 NPN 型管，它们的放大原理是相同的，只不过使用时，电源的极性相反。下面以 NPN 型管为例进行讨论。

图 4-11 所示为 NPN 型晶体管的特性测试电路。图中 $E_C \gg E_B$，发射结加的是正向电压，集电结加的是反向电压，调节电阻 RP 的数值，可以改变基极电流 I_B，此时，集电极电流 I_C 和发射极电流 I_E 也跟着发生变化，其测量结果见表 4-1。

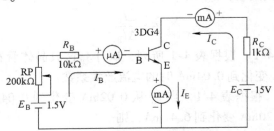

图 4-11　晶体管的特性测试电路

表 4-1　晶体管电流测试数据　（单位：mA）

实验次数 电流	1	2	3	4	5	6
基极电流 I_B	0	0.02	0.03	0.04	0.06	0.08
集电极电流 I_C	0.005	3.20	4.76	6.41	8.90	11.35
发射极电流 I_E	0.005	3.22	4.79	6.45	8.96	11.43

从这个实验和测试数据中，我们得到如下结论：

1）晶体管要工作，必须使发射结加正向电压，集电结加反向电压。

2）观察数据中的每一纵行，存在如下关系

$$I_E = I_C + I_B \qquad (4\text{-}3)$$

3）I_B 比 I_C 和 I_E 小得多，可用基极电流 I_B 来控制集电极电流 I_C，而且基极电流 I_B 的少量变化，可以引起集电极电流 I_C 的较大变化。这就是晶体管的电流放大作用。

二、晶体管的主要参数

（1）电流放大系数 β 晶体管的电流放大作用，可用电流放大系数来衡量。在图 4-11 所示的实验中，集电极电流 I_C 的变化量 ΔI_C 与基极电流 I_B 的变化量 ΔI_B 的比值，称为电流放大系数，即

$$\beta = \frac{\Delta I_C}{\Delta I_B} \qquad (4\text{-}4)$$

例 4-1 根据表 4-1 所列，试计算这只晶体管在 I_B 由 0.02mA 变化到 0.04mA 时的电流放大系数。

解 根据表 4-1，当 I_B 从 0.02mA 变化到 0.04mA 时，I_C 从 3.20mA 变化到 6.41mA，则

$$\beta = \frac{\Delta I_C}{\Delta I_B} = \frac{6.41 - 3.20A}{0.04 - 0.02A} = \frac{3.21A}{0.02A} = 160.5$$

答 电流放大系数为 160.5。

一个管子的 β 值并不是固定不变的，而和管子工作电流的大小有关。当 I_C 很大或很小时，β 值都较小。

（2）集电极最大允许电流 I_{Cm} 晶体管集电极电流 I_C 超过一定数值后，其他参数会开始变坏，尤其是 β 值将明显下降。一般规定，晶体管的 β 下降到额定值 2/3 时的集电极

电流，为集电极最大允许电流，用 I_{Cm} 表示。

（3）反向击穿电压 BU_{CEO}　指基极开路时，集电极与发射极之间的反向击穿电压，用 BU_{CEO} 表示。使用时，当集-射极间电压 U 大于 BU_{CEO} 时，会导致流经晶体管的电流因突然增大而损坏。

（4）集电极最大允许耗散功率 P_{Cm}　是指晶体管因发热而引起的参数变化不超过允许值时，集电极所消耗的最大功率。使用中，加在管子上的电压 U 和通过集电极的电流 I_C 的乘积不得超过 P_{Cm} 值（P_{Cm} 值可查手册求得）。

三、晶体管的测试

用万用表测试晶体管，是通过比较测试结果的方法，来粗略判断管子的管脚、类型、好坏及性能的。测试时，应将万用表拨至 $R \times 100\Omega$ 或 $R \times 1k\Omega$ 挡。

1. 管脚和管子类型的判别方法

（1）先判断出基极　任意选用一个管脚假定为基极。测试时，红表笔接假定基极，黑表笔先后接其余两极。如果两次测得的都是高阻值，那么红表笔接的是基极。再将红、黑表笔对调一下，即黑表笔接假定基极，红表笔分别接另外两个极，若读数都是低阻值，则上述判断的基极是正确的。

如果测得的两个电阻值一大一小，则原来假定的基极不对，要另换一个管脚作为基极再测试，直到符合上面所说的结果为止。

（2）管子类型鉴别　当判断出基极后，用黑表笔接基极，红表笔分别接另外两极，若的测两阻值均很大，则为 PNP 型管，反之为 NPN 型管。

（3）发射极和集电极的判别　晶体管的基极和管型判明之后，用两表笔对晶体管的其余两极进行正接测量和反接测量各一次。在测得电阻较小的一次中，若是 PNP 型管，红表笔所接为集电极；若是 NPN 型管，则红表笔所接为发射极。

2. β 值大小的估计

对于 NPN 型管，当黑表笔接集电极 C，红表笔接发射极 E 时，用手握住（或用舌头舔一下）基极 B，万用表指针即向右摆动，若摆动的幅度越大，则表明晶体管的 β 值越高，反之越小。对于 PNP 型管，应将红、黑表笔对换相接后，再用上述方法进行测试和判断。β 值大小的估计方法如图 4-12 所示。

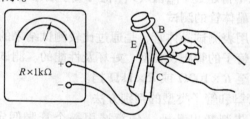

图 4-12　晶体管 β 值大小的估计方法

第四节　晶体管放大电路

在自动控制系统中，常需要把传感器送来的有关温度、压力、流量、转速、声、光和机械位移等弱电信号，输入放大器加以放大，变成较强的电信号，使之足以驱动执行机构，实现运行设备的自动检测和控制。

下面仅讨论晶体管放大器的作用和工作原理。

一、放大器的基本概念

放大的含义包括以小量控制大量、小量是变化量两层意思，两者缺一不可。所以，放大器实际上是一种控制器。

1. 放大器的作用　放大器的作用就是将一个微弱的电信号放大。因此，放大器具有送入微弱电信号的输入端和送出强信号的输出端。在放大电路中，常用一个矩形框来表示放大器，三角形指向信号传输方向，如图 4-13 所示。

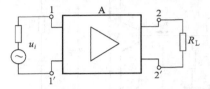

图 4-13 放大器的图形符号及其输入和输出端

2. 对放大器的基本要求

（1）有一定的输出功率 放大器必须要有一定的输出功率（即额定输出功率），否则不能驱动执行机构。

（2）有一定的放大倍数 由于输入放大器的电信号十分微弱，若要使其输出功率达到额定值，就要求放大器有足够的电流、电压放大倍数。

（3）失真要小 是指经过放大后的输出信号的波形和输入信号的波形基本一样。在放大过程中波形发生变化就叫做"失真"。一般希望失真越小越好。

（4）工作稳定 是指放大器应有一定的抗干扰能力。在它的工作范围内，放大器的放大量应尽量稳定。

二、晶体管放大器的基本电路

晶体管放大器的基本电路如图 4-14 所示。与图 4-11 相比较，它只多了两个电容器 C_1 和 C_2，并且在输入端接入了外来交变信号电压 $\tilde{u}_{in}$，放大了的交流信号电压 $\tilde{u}_{out}$ 从输出端输出。

1. 放大原理

从图 4-14 可看出，微弱的外加交变信号电压 $\tilde{u}_{in}$ 通过电

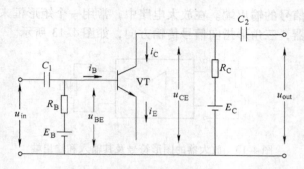

图 4-14　晶体管放大器的基本电路

容器 C_1 加到晶体管的基极 B 和发射极 E 之间时，u_{BE} 会发生变化。显然，基极电流 i_B 也会随着发生变化。由于晶体管的电流放大作用，基极电流 i_B 的变化，会在集电极回路中引起集电极电流 i_C 的较大变化，从而使电阻 R_C 上的电压 $R_C i_C$ 和集电极与发射极之间的电压 $u_{CE} = E_C - R_C i_C$ 有较大的变化，通过电容器 C_2 的隔直作用，晶体管放大器的输出端就会有一个波形与微弱的输入信号完全一样的强信号电压 $\tilde{u}_{out}$ 输出，这就是晶体管放大器的放大原理。

2. 元件参数对放大性能的影响

（1）R_B　基极电阻。电源 E_B 向放大器提供恒定基极电流 I_B，调整 R_B 可使放大器处在最佳工作状态。

（2）R_C　集电极电阻。电源 E_C 向放大器提供恒定集电极电流 I_C，借助 R_C 能把晶体管的电流放大作用转变为电压放大作用。调整 R_C 的大小，可以改变放大器的电压放大倍数。

（3）C_1、C_2　耦合电容（也称为隔直电容）。它们为放大器的输入、输出交变信号提供进出通路，并隔断放大器的输入端和信号源之间及输出端和负载之间的直流通路，以保证放大器工作点的稳定。

实验 整流滤波电路

（一）实验目的

1）熟悉常见二极管、晶体管的外形封装。

2）学会二极管、晶体管极性和管脚的判断方法，并粗略判定其质量好坏。

3）通过对整流滤波电路的装接和波形测试，加深对其工作原理的理解。

（二）实验器材

实验器材见表4-2。

表4-2 实验器材

序号	代号	名称	规格	数量	备注
1	QS	开启式开关熔断器组	250V，2A	1	
2	FU	熔断器		2	
3	TC	整流变压器	220V/10V	1	
4	VD	整流二极管	2CZ52C	4	
5	Ⓥ	交流电压表	0~15V	1	
6	Ⓥ	直流电压表	0~15V	1	
7	S	单掷开关	250V，2A	1	
8	C	电容器	200μF/25V	1	
9		示波器		1	
10	R	负载电阻	1W100Ω	1	
11	VT	晶体管	3DG6，3AD30	各1只	
12		万用表	500型	1	

（三）实验内容和步骤

1）判断二极管的极性及质量好坏。

2）判断晶体管的管脚、管子类型及质量好坏。

3）按图 4-15 装接单相桥式整流滤波电路。

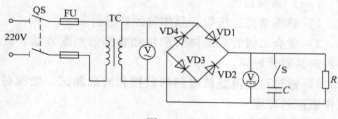

图　4-15

4）用示波器观察并比较整流前后电压和波形及滤波后的电压和波形。

（四）示波器的使用方法

1）开启电源。

2）调节"辉度"旋钮，使荧光屏中的线条亮度适中。

3）调节"Y 轴位移"及"X 轴位移"，使线条位于荧光屏中心。

4）调节"聚焦"，使亮线最细。

5）"Y 轴选择"旋钮选在 $1M\Omega$，若探极衰减量为 10 倍，则输入电阻为 $10M\Omega$。

6）根据输入信号大小调节"Y 轴衰减"。

7）把示波器接入电路，将"触发增幅"调整在最小，然后由小到大调节"稳定调节"，使荧光屏上图形消失，再将"触发增幅"慢慢加大，直到使荧光屏上出现稳定的图形为止。

复　习　题

1. 什么叫做二极管的单相导电性?

2. 点接触型和面接触型二极管各适用于什么场合?

3. 晶体二极管的主要参数有哪些,各有什么含义?

4. 什么叫做整流? 什么叫做滤波?

5. 整流器由哪几部分组成? 画出桥式整流滤波电路。

6. 与二极管相比,晶体管的结构有什么特点? 它的主要作用是什么?

7. 晶体管的主要参数有哪些?

8. 放大的含意是什么? 画出晶体管放大器的基本电路。

第五章 安全用电

第一节 触电与电火灾

一、触电

1. 触电的形式

因人体接触或接近带电体，所引起的局部受伤或死亡现象称为触电。

触电的形式有三种：单相触电、两相触电和跨步电压触电，如图5-1所示。

（1）单相触电 是指人体站在地面或其他接地体上，人体的某一部位触及电气装置带电的任何一相所引起的触电。它的危险程度根据电压的高低、绝缘的好坏、电网的中性点是否接地和每相对地电容的大小来决定。

（2）两相触电 是指人体的两处同时接触带电体的任何两相的触电方式。这时人体处在线电压的作用之下，电流通过人体，从一根电线到另一根电线形成回路。

（3）跨步电压触电 是最危险的触电形式。当高压电气设备绝缘损坏，或当输电线路发生一根导线断线故障而使导线接地时，导线中仍然有电流通过，并会在导线周围的地面上形成一个以导线为中心的相当强的电场。离中心点越近，电位越高；离中心点越远，电位越低。当人体两脚跨入这一地面时，前后两脚之间的地面存在着电位差。在两脚上所承受的电压就是跨步电压。人体受到跨步电压的作用，电

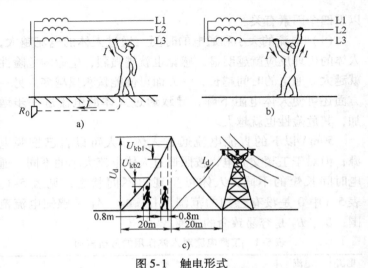

图 5-1 触电形式

a) 单相触电 b) 两相触电 c) 跨步电压触电

流便会通过人体的下半身造成跨步电压触电。若跨步电压较高，或触电者倒在地上，则有触电死亡的危险。

2. 电流对人体的伤害类型

电对人体有电击和电伤两种类型。

（1）电击 指电流通过人体，造成人体内部组织的破坏，使人出现痉挛、窒息、心颤、心跳骤停，乃至死亡。

（2）电伤 指电流对人体外部造成的局部伤害，包括电弧烧伤、熔化的金属渗入皮肤等伤害。

电击和电伤也可能同时发生，这在高压触电事例中是常见的。生产过程中的大量事故证明，绝大部分触电事故都是由电击造成的，所以，触电又称为电击。

3. 人体对电流的承受能力

电流是造成电击伤害的因素，人体对电流的承受能力与以下四个因素有关。

（1）电流的大小和通电的时间　通过人体的电流越大，人体的生理反应就越明显，感觉也就越强烈，生命的危险性就越大。通电的时间越长，一方面可使能量积累越多，另一方面还可使人体电阻下降，导致通过人体的电流进一步增加，其危险性也就越大。

50mA以下的直流电流通过人体，人可以自己摆脱电源；但对于工频交流电，按照通过人体电流大小的不同，通电时间长短的不同，人体可呈现出不同状态，见表5-1。表5-1中0是没有感知的范围；A_1、A_2、A_3是感知电流范围；B_1、B_2是容易致命的范围。

表5-1　工频电流对人体作用的分析资料

电流范围	电流/mA	通电时间	人的生理反应
0	0~0.5	连续通电	没有感觉
A_1	0.5~5	连续通电	开始有感觉，手指、手腕等处有痛感，没有痉挛，可以摆脱带电体
A_2	5~30	数分钟以内	痉挛，不能摆脱带电体，呼吸困难，血压升高，是可以忍受的极限
A_3	30~50	数秒钟到数分钟	心脏跳动不规则，昏迷，血压升高，强烈痉挛，时间过长即引起心室颤动
B_1	50~数百	低于心脏搏动周期	受强烈冲击，但未发生心室颤动
		超过心脏搏动周期	昏迷，心室颤动，接触部位留有电流通过的痕迹
B_2	超过数百	低于心脏搏动周期	在心脏搏动特定的相位触电时，发生心室颤动、昏迷，接触部位留有电流通过的痕迹
		超过心脏搏动周期	心脏停止跳动，昏迷，可能致命的电灼伤

（2）通过人体的电流路径　电流流经心脏会引起心室颤动；较大电流通过心脏会引起心脏肌肉收缩，立刻停止跳动。

电流通过中枢神经系统时，会引起中枢神经系统强烈失调而造成呼吸困难，导致死亡。

电流通过头部会使人昏迷，若电流过大，会对脑组织产生严重的危害。

电流通过脊髓，可能导致半截肢体瘫痪。比较起来，在通电路径中，以通过心脏的电流最为危险。具体来说，以胸部至左手的电流路径危险最大，其次是胸部至右手、双手至双脚的电流路径。若将双手至双脚的危险程度定为1，则各种不同通电路径的相对危险程度见表5-2。

表5-2　不同通电路径的相对危险程度

通电路径	相对危险程度
左手至左脚、右脚或双脚，双手至双脚	1.0
左手至右手	0.4
右手至左脚、右脚或双脚	0.8
背至右手	0.3
背至左手	0.7
胸至右手	1.3
胸至左手	1.5
臂部至左手、右手或双手	0.7

（3）通过电流的种类　通过人体的电流，以工频（50～60Hz）电流为最危险。直流、高频冲击电流对人体的伤害较工频电流轻些。

雷电和静电都能产生冲击电流。冲击电流通过人体时，能够产生强烈的肌肉收缩。但由于冲击电流对人体的时间作用很短，危险性相对要小。研究证明，$10 \mu s$ $100A$ 的冲击电流仍不至于导致生命危险。

（4）人体状况　电对人体的危害程度与人体本身的状况有关，即与性别、年龄和健康状况等因素有很大的关系。女性对电流较男性敏感。女性的感知能力和摆脱能力均比男性低 1/3，小孩的摆脱能力也比成年人低，心脏病等严重疾病患者或体弱多病者，比健康人更容易受电击的伤害。

4. 人体的电阻

人的身体对电流有一定的阻碍作用，这种阻碍作用表现为人体的电阻，而人体电阻主要来自皮肤表层。起皱和干燥的皮肤有着相当高的电阻。但是当皮肤潮湿或接触点的皮肤遭到破坏时，电阻就会突然减小，并且人体电阻将随着接触电压的升高而迅速下降。人体电阻与条件的关系见表 5-3。

表 5-3　人体电阻与条件的关系

接触电压/V	人体电阻/Ω			
	皮肤干燥①	皮肤潮②	皮肤湿③	皮肤浸入水中④
10	7000	3500	1200	600
25	5000	2500	1000	500
50	4000	2000	875	440
100	3000	1500	770	375
250	1500	1000	650	325

① 相当于在干燥场所的皮肤，通电途径为单手 – 双脚。

② 相当于在潮湿场所的皮肤，通电途径为单手 – 双脚。

③ 相当于在有水蒸气等特别潮湿的场所的皮肤，通电途径为单手 – 双脚。

④ 相当于在游泳池中的情况，基本上为体内电阻。

一般情况下，人体电阻可按 $1000 \sim 2000 \Omega$ 考虑。在安全程度要求较高时，人体电阻应以不受外界因素影响的体内电阻 500Ω 计算。

5. 触电的紧急处理

人触电后不一定会立即死亡，往往呈"假死"状态，若现场抢救及时，方法得当，呈"假死"状态的人就可以获救。因此，触电的紧急处理对抢救触电者是相当重要的。

触电的紧急处理措施首先是让触电者脱离电源。发现有人触电，必须用最快的方法使触电者脱离电源，切断通过人体的电流，具体方法如图 5-2 所示；其次，应迅速根据具体情况对症进行人工紧急抢救并及时报告医务部门。

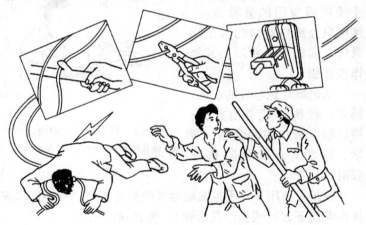

图 5-2　脱离电源的方法

当触电者还未失去知觉，神志清醒，但有心慌、四肢发麻、全身无力等症状时，应将他抬到空气流通、温度适宜的地方安静休息，不要走动，注意观察，尽快就医。

当触电者已失去知觉，但心脏跳动、呼吸微弱时，除注意空气流通、温度适宜外，还应进行口对口的人工呼吸抢救，并迅速联系就医。

当触电者呼吸停止、心脏停跳时，应立即同时用人工呼吸法和胸外挤压法进行抢救，且应最快就医。

应当注意：抢救一定要迅速，人工呼吸和胸外挤压不能间断，直到医生宣布停止为止。

人工呼吸法是触电者停止呼吸后应用的急救方法，这里只介绍口对口的人工呼吸法，如图5-3所示。其操作步骤如下：

迅速解开触电者的衣领、裤带，使胸部能自由扩张；清除触电者口腔的食物、假牙、血块等，以免阻塞呼吸道。

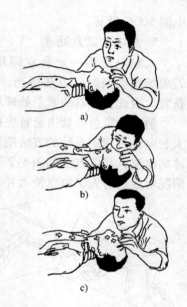

图5-3　口对口人工呼吸法
a) 捏鼻托后颈　b) 吹气　c) 换气

救护人员用一只手捏紧触电者的鼻孔，另一只手将其下颌拉向前下方（或托往其后颈），使其嘴巴张开。

救护人员深吸一口气后，紧贴触电者的口向内吹气，时间约2s。

吹气完毕换气时，立即离开触电者的口，并松开触电者的鼻孔，让他自行呼气，自行呼气约为3s。

对儿童施行此法，鼻子不必捏紧，任其自然漏气，以免肺泡破裂。如无法使触电者的嘴张开，可改为口对鼻的人工呼吸法，效果相仿。

胸外心脏挤压法是触电者心脏停止跳动后应采取的急救方法，如图5-4所示。其操作步骤如下：

使触电者仰卧，松开衣服，清除口内异物。触电者后背着地处应是硬地或木板。

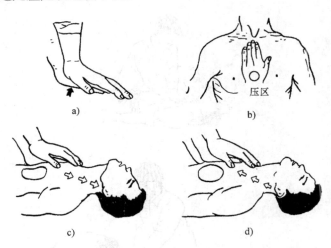

图5-4　胸外挤压法
a）叠手姿势　b）正确压点　c）挤压　d）放松

救护者位于触电者的一侧，也可跨骑在髋骨两侧。两手相叠，将掌根放在触电者胸骨下1/3部位，即把中指尖放在其颈部凹陷的下边缘，手掌的根部就是正确压点。

找到正确压点后，掌根用力垂直向下挤压，压出心脏里面的血液。对成年人可压下3~4cm，对儿童用力则应小一些，每秒钟挤压一次，每分钟60次为宜。

挤压后掌根要突然放松，但手掌前部不要离开胸壁，让触电者胸部自动恢复原状，心脏扩张后，血液又充满心脏。

　　若单人同时进行人工呼吸和胸外挤压法抢救触电者时，则应两种方法交替进行：每吹气 2～3 次，应挤压 10～15 次，而且吹气和挤压的速度都应当提高一些。双人操作按前面方法进行，如图 5-5 所示。

a)

b)

图 5-5　人工呼吸和胸外挤压同时进行
a）单人操作　b）双人操作

二、电气火灾

　　由电气故障引起的电气设备或线路着火统称为电气火灾。

　　电气设备和电气线路都离不开绝缘材料，如变压器油、绝缘漆、橡胶、树脂、薄膜及纤维等。这些绝缘材料如超过一定的温度或遇到明火等，就会引起燃烧，造成火灾。

1. 引起电气火灾的常见原因

（1）短路　由于电路中导线选择不当、绝缘老化或安装不当等原因，都能造成电路短路。当发生短路时，其短路电流比正常电流大若干倍，由于电流的热效应，从而产生大量的热能，轻则降低绝缘层的使用寿命，重则引起电气火灾。

（2）过负荷　不同规则的导线，允许流过它的电流都有一定的范围。在实际使用中，流过导线的电流大大超过其允许值，就会造成过负荷，产生很多的热量。这些热量往往不能及时被散发掉，就可能使导线的绝缘层燃烧，或使绝缘层受热而失去绝缘能力造成短路，引起电气火灾。

（3）电路中大的接触电阻　如果电路中接触部分的连接不牢固，则将形成大的接触电阻。通以电流之后，会使该处的温度增加到足以使金属熔化的程度，因而发出火星，引起电气火灾。

（4）电力设备产生的火花和电弧　电力设备出现的电火花或电弧，温度都比较高，它们不仅能使可燃物燃烧，还能使金属熔化、飞溅，构成危险的火源。在油库、乙炔站、电镀车间及其他一些生产或储有易燃气体、液体的场所，一个不大的电火花往往就能引起燃烧和爆炸，造成严重的伤亡和损失。

（5）熔断器选用和安装不当　熔断器是设备或线路中不可缺少的保护装置，如选用和安装不当，则可能失去保护作用，从而引起电气火灾。

2. 电气火灾的扑救

当电气设备或线路发生电气火灾时，要立即设法切断电源，然后再进行扑救。只有在确实无法切断或不允许切断电源的情况下，才进行带电扑救。带电扑救时应采取必要的防护措施，以免扑救人员触电。

电气火灾一般用二氧化碳、四氯化碳、干粉、二氟一氯甲烷等灭火剂或干燥的黄沙（要考虑事后残存在设备内的黄沙对设备的损害）进行扑救，不允许用水和泡沫灭火器扑救电火灾。因为水和泡沫都是导电的，起不到扑救的作用。

几种灭火器的性能和用途见表5-4。

表5-4　几种灭火器的性能和用途

灭火器种类	二氧化碳灭火器	四氯化碳灭火器	干粉灭火器	1211灭火器
规格 kg	2以下 2~3 5~7	2以下 2~3 5~8	8 50	1 2 3
药剂	液态二氧化碳	四氯化碳液体并有一定的压力	钾盐或钠盐干粉并有盛装压缩气体小钢瓶	二氟一氯一溴甲烷并充填压缩氮
用途	不导电扑救电气精密仪器、油类和酸类火灾，不能扑救钾、钠、镁、铝物质火灾	不导电扑救电气设备火灾，不能扑救钾、钠、镁、铝、乙炔、二氧化碳火灾	不导电扑救电气设备火灾及石油产品、油漆、有机溶剂、天然气火灾，不宜扑救电机火灾	不导电扑救电气设备、油类、化工化纤原料初起火灾
效能	射程3m	3kg，喷射时间30s，射程7m	8kg，喷射时间14~18s，射程4.5m	1kg，喷射时间6~8s，射程2~3m

（续）

灭火器种类	二氧化碳灭火器	四氯化碳灭火器	干粉灭火器	1211灭火器
使用方法	一手拿喇叭筒对着火源，另一手打开开关	只要打开开关，液体就可喷出	提起圈环，干粉就可喷出	拔下铅封或横销，用力压下压把
检查方法	每3个月测量一次重量，当减少原重的1/10时应充气	每3个月试喷少许，压力不够时充气	每年检查一次干粉，看其是否受潮或结冰，小钢瓶内气体压力，每半年检查一次，减少1/10时换气	每年检查一次重量

第二节　常用的安全用电措施

一、合理选用供电电压

在使用电气设备时，首先要使电气设备的额定电压必须与供电电压相配。供电电压过高，容易烧坏电气设备；供电电压过低，电气设备也不能发挥效能。其次，还要考虑到环境对安全用电的影响。就照明而言，家庭、车间、公共场所的一般照明，均可采用220V电压供电；但各种机床工作灯，只宜采用36V或24V电压供电；而在特别潮湿，有导电粉尘、腐蚀性气体或极易导电的特殊环境中，则应采用12V电压供电。36V以下的交流电称为安全电压，没有触电危险。

二、合理选用导线截面积

在合理地选用供电电压之后，还必须合理地选用导线的截面积。

导线是传输电流用的，不允许过热，所以导线的额定电流应比实际输送的电流要大些。家庭中的照明配电线路，其导线截面积一般为 $1.5mm^2$、$2.5mm^2$ 和 $4mm^2$，材质为铜线和铝线。一般铜线每平方毫米允许通过的电流为 6A 左右，铝线则为 4A 左右。表 5-5 是常用铜、铝导线的横截面积与安全载流量的对照。

表 5-5　常用铜、铝导线的横截面积与安全载流量的对照

导线截面积/mm^2	铜导线安全载流量/A	铝导线安全载流量/A
1.5	10	7
2.5	15	10
4	25	17
6	36	25

当电压低于 250V 时，一般常用 RVB 型聚氯乙烯绝缘平行连接软线和 RVS 型聚氯乙烯绝缘双绞连接软线，它们的有关数据见表 5-6。

表 5-6　RVB 型聚氯乙烯绝缘平行连接软线和 RVS 型聚氯乙烯绝缘双绞连接软线的结构尺寸和参考载流量

标称横截面积 /mm^2	导电线芯结构		绝缘厚度 /mm	成品电线最大外径		参考载流量 /A
	根数	直径/mm		RVB	RVS	
0.2	12	0.15	0.6	2.0 × 4.0	4.0	4
0.3	16	0.15	0.6	2.1 × 4.2	4.2	6
0.4	23	0.15	0.6	2.2 × 4.4	4.4	8
0.5	28	0.15	0.6	2.3 × 4.6	4.6	10

（续）

标称横截面积 /mm²	导电线芯结构		绝缘厚度 /mm	成品电线最大外径		参考载流量 /A
	根数	直径/mm		RVB	RVS	
0.6	34	0.15	0.6	2.4×4.8	4.8	12
0.7	40	0.15	0.7	2.7×5.4	5.4	14
0.8	45	0.15	0.7	2.8×5.6	5.6	17
1.00	32	0.20	0.7	2.9×5.8	5.8	20
1.50	48	0.20	0.7	3.2×6.4	6.4	25
2.00	64	0.20	0.8	3.8×7.6	7.6	30
2.50	77	0.20	0.8	3.9×7.8	7.8	34

三、相线接入开关及合理选用开关

相线先进开关是重要的安全用电措施。相线先进开关可以保证当开关处于分断状态时用电器上不带电，否则，还是带电的，如图5-6所示。

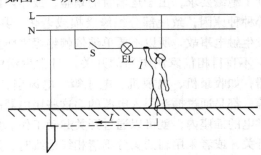

图5-6 相线不进开关的危险

另外，相线进开关还可以减少不必要的烦恼。如小功率的荧光灯在关灯后仍会隐隐发光，就是因为相线未进开关引起的。

选用开关时，首先应根据开关的额定电压及额定电流，其次还要根据开断的频繁与否，负载功率的大小以及操作距离远近等条件。开关的类型很多，手动开关用于不频繁开断，近距离操作，无需自动控制的小功率电路；低压断路器用于频繁开断，远距离操作，需实现自动控制的大功率电路。

四、提高安全用电的重视程度与培养良好的工作习惯

电能的应用十分广泛，电工技术的发展也非常迅速，如使用不当，就会发生意外事故。为了防止意外事故发生，应提高安全用电的重视程度，培养良好的工作习惯。

（1）尽量避免带电操作　任何电气设备在未确认不带电以前，应一律视为带电，因此不要随便触摸电气设备。

（2）不盲目相信绝缘　任何一个用电器都要达到一定的绝缘要求，否则是不允许出厂的。但是有些用电器出厂时虽然达到了绝缘要求，由于运输时的划碰，或年限已久、使用不当等种种原因，致使部分绝缘受损或老化，甚至漏电，很容易发生触电事故。所以不要单纯依赖绝缘来防止触电。

（3）不盲目相信家用电器的开关　日常生活中的许多家用电器，如收录机、电视机、电冰箱、电风扇、洗衣机、电吹风等，都是通过插头引入电源的。这些用电器的插头一经插入供电的插座内，就可以通过开关起动工作。如果相线未先进开关，或者采用扁插头分不清相线地线时，则在未合上用电器开关之前，用电器虽然还未工作，却已带电。人们往往认为未合上开关，用电器就不会带电，这样就大大增加了触电机会。所以，不要盲目相信家用电器的开关。只有拔下用电器的插头，或拉下总开关及其熔断器才是最安全的。我们提倡在用电器使用完毕后，随手拔下插头。

（4）不乱拉电线及乱装插座　注意对插座、插头导线的维护，如有破损要及时更换。对有小孩的家庭，所有明线和插座都要安装在小孩够不着的部位。

第三节　电气设备的安全保护措施

一、电气设备的自身保护能力

电气设备自身都有一定的安全保护能力。如何充分发挥这种能力，关键要靠人们来正确选用和合理安装各种电气设备。

电气设备的自身保护能力包括其防护性能和绝缘性能两个要求。

1. 电气设备的防护形式

电气设备的应用十分广泛，可用在各种不同的工作环境，如电压有高有低，人易于触及与否，潮气、粉尘的有无，腐蚀气体和易燃易爆物质存在与否等。人们在选用电气设备时，一定要考虑到引起触电、腐蚀、爆炸和火灾的危险性。电气设备的防护形式可分为四大类。

（1）开启式　这种设备的带电部分没有任何防护，故只适用于触电危险性小，而且人不易接近的环境。

（2）防护式　这种设备的带电部分有罩或网加以保护，人不易触及其带电部分，但潮气、粉尘等能够侵入。所以这种设备也只宜用于干燥、无粉尘的环境。

（3）封闭式　这种设备的带电部分有严密的罩盖，潮气、粉尘等不易侵入。所以适用于触电危险性大的环境。

（4）密闭式和防爆式　这种设备内部与外部完全隔绝，可用于触电危险性大，有爆炸危险或有火灾危险的环境。

2. 电气设备的绝缘电阻

电气设备的金属外壳和导电线圈间必须有足够的绝缘电阻，否则，当人触及已经通电的电气设备的金属外壳时就会触电。通常要求低压电气设备的绝缘电阻不低于 500kΩ；对可移动的电气设备，如电钻、冲击钻、台式电扇、洗衣机等的绝缘电阻还应更高一些。一般电气设备在出厂前，都测量过它们的绝缘电阻，以确保使用者的安全。但在使用过程中，由于人为或机械的损伤、环境的影响、绝缘材料的老化，其绝缘电阻也将逐渐下降，甚至完全下降为零。

电气设备的绝缘电阻是衡量电气设备绝缘性能的重要参数之一，应该经常检查，一般可用绝缘电阻表测量其绝缘电阻。

二、电气设备的保护接地和保护接零

电气设备的金属外壳，在正常情况下是不带电的。当内部绝缘损坏时，可使金属外壳与带电部分相通，人体触碰带电的外壳，就有触电危险。保护接地和保护接零是防止人体接触偶然带电的外壳而引起触电事故的重要保护措施。

（1）保护接地　保护接地是把电气设备的金属外壳同大地可靠地连接起来，以防止人体接触外壳而触电。

保护接地适用于三相四线制中性点不直接接地的电网，如图 5-7 所示。接地电阻越小越好，一般应不大于 4Ω。

（2）保护接零　保护接零是把电气设备的金属外壳同中性线可靠地连接起来，以防止人体接触外壳而触电，如图 5-8 所示。

保护接零适用于中性点直接接地，电压为 380V/220V 的三相四线制电网。

在保护接零的系统中，中性线起着十分关键的作用。所

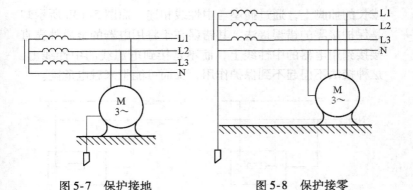

图5-7 保护接地   图5-8 保护接零

以，要保证中性线的连续性，防止中性线断裂。

图5-9所示为单相用电器（如电冰箱、洗衣机、电风扇）使用的三相插头、三孔插座。必须牢记相线、中性线和保护接零或接地的插脚位置，不能接错。

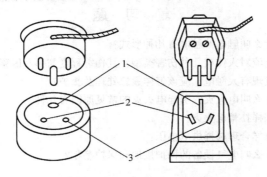

图5-9 三相插头和三孔插座
1—保护接零或接地 2—中性线 3—相线

单相用电器保护接零的正确接法如图5-10a所示。要求用电器的金属外壳用导线可靠地接在中间那个比其他两个粗或长的插脚上，通过插座与中性线相连。而图 5-10b 所示却是保护接零的错误接法。其错误在于将用电器的金属外壳直接接到用电器的中性线上，而不是接到电源线的中性线上，这种接法不但起不到保护作用，反而可能带来触电危险。

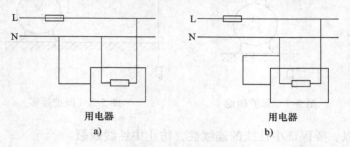

a)　　　　　　　　　　　　b)

图 5-10　单相用电器的保护接零
a）正确接法　b）错误接法

复　习　题

1. 什么叫触电？触电有几种形式？
2. 电流对人体有几种伤害类型？其伤害程度与哪些因素有关？
3. 发现有人触电，应该怎样紧急处理及救护？
4. 什么叫电火灾？引起电火灾的常见原因有几种？
5. 怎样扑救电火灾？
6. 怎样合理选择供电电压？
7. 什么叫电气设备的保护接地和保护接零？

教师服务信息表

尊敬的老师：

您好！感谢您多年来对机械工业出版社的支持和厚爱！为了进一步提高我社教材的出版质量，更好地为职业教育的发展服务，欢迎您对我社的教材多提宝贵意见和建议。另外，如果您在教学中选用了《电工常识第 2 版》一书，我们将为您免费提供与本书配套的电子课件。

一、基本信息

姓名：_____ 性别：_____ 职称：_____ 职务：_____

学校：_____ 系部：_____

地址：_____ 邮编：_____

任教课程：_____ 电话：_____(O)手机：_____

电子邮件：_____ qq：_____ msn：_____

二、您对本书的意见及建议

（欢迎您指出本书的疏误之处）

三、您近期的著书计划

请与我们联系：

100037　北京市西城区百万庄大街 22 号机械工业出版社·技能教育分社　王振国

Tel：010 – 88379077

Fax：010 – 68329397

E – mail：cmpwzg@ 163. com